酒泉市园林绿化栽培管理
实　用　手　册

邹佳辉　主编

甘肃科学技术出版社

图书在版编目（CIP）数据

酒泉市园林绿化栽培管理实用手册 / 邹佳辉主编
. -- 兰州 : 甘肃科学技术出版社, 2022.6
ISBN 978-7-5424-2944-5

Ⅰ. ①酒… Ⅱ. ①邹… Ⅲ. ①园林植物—观赏园艺—酒泉—手册 Ⅳ. ①S688-62

中国版本图书馆CIP数据核字(2022)第089183号

《酒泉市园林绿化栽培管理实用手册》编委会

主　编：邹佳辉
副主编：张维成
编　委：韩　强　李晓娟　李　燕
魏秀红　崔国忠　刘志虎
孔德浩　李岩峰　李　锋

酒泉市园林绿化栽培管理实用手册
邹佳辉　主编

责任编辑　马婧怡
封面设计　李天宇

出　版　甘肃科学技术出版社
社　址　兰州市城关区曹家巷1号　730030
网　址　www.gskejipress.com
电　话　0931-2131576 (编辑部)　0931-8773237(发行部)

发　行　甘肃科学技术出版社　印　刷　酒泉市汇丰彩色印刷有限责任公司
开　本　787毫米×1092毫米　1/16　印　张　10.75　插　页　2　字　数　200千
版　次　2022年6月第1版
印　次　2022年6月第1版印刷
印　数　1~500
书　号　ISBN 978-7-5424-2944-5　定　价　160.00元

前　言

本书以酒泉市园林绿化中常见的园林观赏植物为重点，分总论和各论两大部分，并辅以大量图片。总论部分介绍酒泉市自然概况，包括地理位置、气候、土壤、经济、环境、绿化发展情况、酒泉市园林观赏植物引种和人工栽培简况以及编写此书的目的意义，园林观赏植物的生长环境，栽培的生理学原理，通过对园林观赏植物的形态特征、栽培管理的阐述，以达到对园林观赏植物进行最佳栽培管理和观赏的目的；各论部分精选了乔木类、灌木类、藤本类、草本类共近200种适合酒泉市应用的园林观赏植物的形态特征、生物学特性、栽培管理技术及园林用途。图片部分主要显示的是园林观赏特征和在园林绿化中的应用实例。

本书撰稿人均在一线从事园林工作多年，在编写过程中，既参考了文献资料，又融入了笔者多年实践的经验，力求做到内容翔实，通俗易懂，突出实用。2016年出版后，得到广大园林工作者好评，并提出了宝贵的意见。为了适应园林绿化产业发展的新要求，2022年我们又对该书进行了修订增刊，再版发行，以飨读者。

目　录

第一部分　总　论

第一章　酒泉市自然概况

一、地理位置

酒泉市位于甘肃省西北部河西走廊西端的阿尔金山、祁连山与马鬃山（北山）之间。东接张掖市和内蒙古自治区，南接青海省，西接新疆维吾尔自治区，北接蒙古国。东西长约680km，南北宽约550km，总面积$1.912\times10^5km^2$，占甘肃省面积的42%。全市共辖肃州、玉门、敦煌、金塔、瓜州、肃北、阿克塞7县市区，有汉、蒙古、哈萨克、回等40个民族，常住人口105.57万人。市人民政府驻肃州区。兰新铁路、G30高速、312国道贯穿东西，215、314国道通达南北，干线公路与县乡公路配套成网覆盖全境，有敦煌、鼎新、嘉峪关和下河清4个机场通道。

二、气候

酒泉市年平均气温在3.9℃~9.3℃，南部山地属高寒半干旱气候，年平均气温3.9℃~6℃，走廊地带属温带干旱气候，年平均气温5℃~9.3℃。年日照总时数达3033.4~3316.5h，日照百分率为68%~75%，昼夜温差12.1℃~16.4℃，平均无霜期130天。年均降水量36.8~176mm，降水量由南向北递减，祁连山地年降水量300mm左右，肃州区为84mm，北部马鬃山地为39mm。年均蒸发量在2148~3140.6mm。

酒泉市的气候特点是降水少（是中国、甘肃省雨量最少的地区之一），蒸发量大（是甘肃省蒸发量最大的地区），日照长，昼夜温差显著，夏季炎热，冬季寒冷，干旱多风（瓜州素有“世界风库”之称）。降水集中在6~8月，以玉门镇、瓜州县计算，年蒸发量为年降水量的45.7~64.2倍。最大冻土深度116~150cm。年平均风速2.7~4.2m/s，最大风速20~34.5m/s。

三、土壤

酒泉市地面物质组成与地貌相一致，由南北两侧，经过风能与水的搬迁作用，地表物质南北粗、中部细。随着地形变化，由南向北明显地分为：砾石冲积带、风蚀切割带、平原沉积带、草甸沼泽带与沙丘灌丛带5种自然类型。主要自然土壤有中、北部平原区的棕漠土、灰漠土、风沙土、沼泽土、草甸土、潮土和南部祁连山区的高山草原土、高山漠土、高山寒漠土、亚高山草原土和亚高山草甸土。灰棕漠土类与土壤相混形成山前砾石戈壁，分布于海拔1600~3100m地带，由山石层层剥落洪积、坡积而成，植被主要是旱生半灌木植被。灌淤土是人类活动而产生的土壤，是在洪积、冲积物的基础上，人类长期灌溉改造形成。

四、植被

酒泉市属典型的荒漠植被类型。植被类型以草原、荒漠为主，另有草甸、灌丛和阔叶林，林区和沙区植被多属旱生、超旱生植物，约43科148属280种。因受东南季风的波及和北部祁连山西部高山区的作用，地带性植被在分布上受很多非地带性条件的限制，从而打乱了部分地带性分布的规律。大致分为6个植被型组：阔叶林、草原、荒漠、灌丛、高山垫状植被和草甸，其中主要以草原、荒漠和灌丛为主。防风固沙作用较大，经济价值较高的有柽柳、沙拐枣、沙柳、梭梭、沙棘、黑果枸杞、白刺、麻黄、盐爪爪、甘草、锁阳、苦豆子、冰草、芦苇、芨芨草、骆驼刺、黄蒿、黑沙蒿、灰绿藜、野艾蒿、沙葱、野黑麦、早熟禾等。

五、社会经济

酒泉地处河西走廊西端，历史悠久，文化积淀浓厚，是博大精深、世界闻名的敦煌艺术的发祥地，是现代丝绸之路——新亚欧大陆桥的必经重镇，国家高科技重点工程酒泉卫星发射中心在这里巍然崛起。这里是西北重要的农业灌溉区，是甘肃省重要的商品粮基地，同时敦煌又是国家重点旅游开发区。已建成中国、甘肃省商品粮棉基地、瓜果蔬菜基地和畜牧业基地。是中国重要的粮食种子繁育基地和最具优势的对外瓜菜制种、花卉制种基地之一。

酒泉有丰富的风能和太阳能，全市年平均风速2.7~4.2m/s，10m高度风速5~7.5m/s，风能总储量约2×10^7KW，可开发量约1.2×10^7KW，占甘肃省风能储量的70%以上，具有建设大型风电场的良好资源条件。年平均日照时数3000h，是中国最具开发潜力的清洁能源基地。有丰饶富庶、开发便利的水土资源，可开采利用的水能蕴藏量2.8×10^5KW。矿藏种类多，储量大，品位高，有5个成矿带共有矿点572

处，构成矿床92处，矿种48个。旅游资源得天独厚，敦煌莫高窟、月牙泉、西汉胜迹、酒泉卫星发射中心等景区成为国内外游客向往的旅游目的地，敦煌文化、边塞文化和航天科技享誉海内外，酒泉曾被评为“最具人气的西部名城”，是中国优秀旅游城市。

六、酒泉市绿化发展概况

20世纪70年代末，酒泉城区绿化覆盖率5. 8%，人均公共绿地1. 78m^2，绿化树种单一，在城区四条大街和部分小巷栽植新疆杨和二白杨；“六五”期间，拓宽了道路，更新了树种，以国槐为主并配置了部分绿篱、花灌木；“七五”期间，继续更换以国槐、白蜡、常青树为主的树种；“八五”期间，将国槐定为“市树”，淘汰白榆绿篱，并在树沟内种植花草，对酒泉公园进行扩建，由原来的13.6hm^2增加到23. 3hm^2；“九五”期间，着重增加公共绿地面积，实施了住宅小区、单位庭院、植物园、法幢寺、街头小游园绿化；“十五”期间，以“建设新城区，改造老城区，老区抓美化，新区抓框架，建设园林化城市”为目标，采取“搬迁辟绿、拆墙透绿、见缝插绿”等途径，狠抓主干道路、环城林带、城区公共绿地绿化。重点完成了解放路、环城林带、酒嘉路、酒航路、新旧城区道路、工业园区南园道路绿化。按照“高标准、高起点、上档次、出精品”的建设思路，新开辟了区政广场、汉武御园等27处公共绿地，建成了航天公园、北郊公园，扩建绿化了酒泉公园。2005年，酒泉市区建成区绿地率达到17. 5%，城市绿化覆盖率达到27. 5%，人均公共绿地达到7. 12m^2，分别比2000年提高了7. 62%、5. 5%和78%；“十一五”期间，以创建省级园林城市、国家园林城市为目标，重点实施了城市出入口、西郊工业园区道路、滨河路、博物馆、城区公共绿地、街道鲜花造景、新城区道路绿化、北大河防洪固沙生态文化旅游景观带等一系列绿化工程，建成了清嘉高速出入口周边绿化带、汇丰苑绿地、世纪大道景观带、滨河路花卉园、梧桐园、体育公园、奇林小游园等公共绿地，结合老城区改造对酒金路、金泉路进行了绿化改造提升；“十二五”期间，以创建国家园林城市为目标，以打造国际明星城市为契机，按照市委、市政府提出的“做美城市”、建设“宜居、宜业、宜商、宜游”城市的总要求，结合城市基础设施建设，以改善人居环境、建设生态型园林化城市为目标，大力开展城区绿化美化工程，城市绿化规模不断扩大，品位明显提高。北大河生态综合治理工程中骨干工程的蓄洪生态补水工程开工建设，完成了酒嘉城际道路一期绿化；开展了丝路文化公园绿化的各项前期工作，完成了新城区二期飞天路道路绿化；“十三五”期间，以习近平生态文明建设思想为指导，以“五个酒泉”建设为目标，不断加大城区造林绿化工作力度，深入践行“绿水青山就是金山银山”的理念，完成了巨龙物流港周边道路绿化、世纪大道北端道路绿化、锦玉公园入口绿地改造、市政广场景观绿化、酒泉高铁南站南侧绿化和城区空地植绿等重点绿化和提升改造工程，北滨河路等绿化工程有序开展，进一步改善了城市生态环境，提升了城市品位。

截至2021年，酒泉市区建成区绿地率达到32%，城市绿化覆盖率达到37. 9%，人均公共绿地达到12m^2，分别比2005年提高了14. 5个百分点、10. 4个百分点和4. 88m^2。

七、园林观赏植物的引种驯化和人工栽培简介

酒泉市造林绿化树种分属28科45属139个品种。主要有二白杨、新疆杨、胡杨、柽柳、银白杨、白榆、毛柳、梭梭、龙爪柳、馒头柳、圆冠榆、国槐、香花槐、榆叶梅、油松、樟子松、云杉、圆柏等。1964年引进新疆杨、北京杨、青海云杉、小叶白蜡、复叶槭、五角枫、龙爪柳。1976年，从河南引进大官杨。20世纪80年代，引进樟子松、馒头柳、圆冠偷、香花槐等树种。

酒泉市造林树种先后经历了“杨树挂帅”，从沙枣、榆树相伴到以杨树为主，从荒漠造林树种和榆、柳、槐、松、柏、花灌木比例迅速增加到以阔叶树、针时树，乔、灌、草结合的变化过程。

从造林的林种看，先后经历了防护林（各种防护林全面发展，农田防护林、护渠林、护路林、护库林、周边防护林）、用材林、薪炭林一起上，防护林、风景林一起建设的发展过程。随着社会的不断发展，造林的组织形式、林种、树种发生着巨大变化。新中国成立初期和以后一段时期的植树主要以解决“三料”（木料、燃料、饲料）为目的，后逐渐向改善自然条件，再向实现绿化、美化、香化，建设美好人居环境转变。

在20世纪80年代以前，只有个别国营林场培育少量侧柏、桧柏、千头柏、龙爪柳、火炬树、五角枫和白蜡等园林绿化树种苗木，以供园林绿化之用。从20世纪80年代开始，城市的园林化建设快速发展，乡村把绿化、美化、香化作为建设美好家园的目标，根据这一需要，各地先后引进了樟子松、国槐、龙爪槐、垂柳、山楂、油松、祁连圆柏、河南桧、馒头柳、银杏、香花槐等乔木树种；榆叶梅、珍珠梅、黄刺梅、连翘、月季、牡丹、紫斑牡丹、红叶小檗、紫丁香等灌木树种和美国地锦、金银花等藤本类树种，并进行繁育和应用。

在20世纪70年代以前，城市绿化的范围和内容主要是街道行道树的栽植，一般都是一城一（个）树（种），或一街一树。以酒泉城绿化为例，20世纪70年代以

前，四条大街及其辐射的小街小巷，均栽植二白杨，间或有个别柳树。其后，曾先后两次整体更换，一次为钻天杨，一次为新疆杨，仍然是一城一树或一街一树，间或有白蜡、五角枫、龙爪柳等树种。从20世纪80年代以后，城市绿化树种逐年增加了云杉、侧柏、圆柏、刺柏、油松、樟子松等常绿树种。进入20世纪90年代以后，树种逐步向多样化发展，并进一步过渡到现在的针、阔树种和乔灌草花结合。绿化范围逐步扩大，目前，基本形成了城市道路、绿色走廊、公园、广场、单位、小区为主体的城市绿化格局。2006年以来，各级政府坚持经济建设和环境建设协调发展方针，认真贯彻《国务院关于加强城市绿化建设的通知》精神，在城市化建设进程加快、城市区域扩大的同时，城市绿化事业也得到蓬勃发展。

八、编写本书的目的意义

园林绿化是社会经济发展的产物，随着社会经济的发展而发展。特别是近些年来，随着工业化、城市化进程的加快，在人们的生活条件和居住条件大为改观的同时，也给人类带来了生态失调、生存环境危机等一系列问题，迫使人们为保护和改善生态环境而把园林绿化作为主要手段。一些发达国家，将生态科学与环境科学列入城市科学，从宏观上达到人口与自然环境相互协调，体现出人与自然最大限度的和谐，由此将园林绿化事业推向生态园林的新阶段。

生态园林是人类物质文明和精神文明发展的必然结果，是适应现代化社会和全球生态环境的建设而产生的，是当今园林绿化发展的总趋势，其根本目的是调节生态平衡，为人们提供一个赖以生存的良性循环的生活环境。

酒泉地处戈壁荒漠区，风沙、干旱、严寒等严酷的自然条件和城市废气、废水、废渣、噪音、垃圾等环境污染问题也越来越突出，因而加强生态园林建设，努力改善生态环境就显得非常紧迫和必要。

建设生态园林，植物材料是基础。然而由于酒泉市现有园林植物品种单一，数量偏少，且缺少总体的园林绿化植物材料规划。因而绿化苗木的生产和引进、园林绿化工程树种的选择和应用等方面均存在盲目性，在很大程度上影响了酒泉城市园林绿化的发展步伐。为了加快酒泉的城市园林建设，丰富城市景观，改善投资环境，扩大对外开放，就必须从基础工作开始，制订一个科学、合理的城市园林植物材料规划，来指导全市苗木的引进、驯化、繁育、生产和应用，更好地适应现代城市园林绿化发展的需要。编写本书就是在这方面做一些有意义的探索。

第二章 园林绿化植物生长发育需要的环境条件

植物所生活的空间叫作“环境”，任何物质都不能脱离环境而单独存在。植物的环境主要包括气候因子（温度、水分、光照、空气）、土壤因子、地形地势因子、生物因子及人类的活动等方面。通常将植物具体所生存于其间的小环境，简称为“生境”。环境中所包含的各种因子中，有少数因子对植物没有影响或者在一定阶段中没有影响，而大多数的因子均对植物有影响，这些对植物有直接间接影响的因子称为“生态因子（因素）”。生态因子中，对植物的生活属于必需的，即没有它们植物就不能生存的因素叫作“生存条件”，例如对绿色植物来讲，氧、二氧化碳、光、热、水及无机盐类这六个因素都是绿色植物的生存条件。

在生态因子中，有的并不直接影响于植物而是间接地起作用的，例如地形地势因子是通过其变化影响了热量、水分、光照、土壤等产生变化从而再影响到植物的，对这些因子可称为“间接因子”。所谓间接因子是指其对植物生活的影响关系是属于间接关系，但并非意味着其重要性降低，事实上在园林绿化建设中，许多具体措施都必须充分考虑这些间接因子。

第一节 温度因子

温度因子对于植物的生理活动和生化反应是非常重要的，而作为植物的生态因子，温度因子的变化对植物的生长发育和分布具有极其重要的作用。

一、季节性变温对植物的影响

地球上除了南北回归线之间及极圈地区外，根据一年中温度因子的变化，可分为四季。四季的划分是以每5天为一“候”的平均温度为标准。每候的平均温度为10℃~22℃的属于春、秋季，在22℃以上的属于夏季，在10℃以下的属于冬季。不同地区的四季长短是有差异的，其差异的大小受其他因子如地形、海拔、纬度、季风、雨量等因子的综合影响。该地区的植物，由于长期适应于这种季节性的变化，就形成一定的生长发育节奏，即物候期。物候期不是完全不变的，随着每年季节性变温和其他气候因子的综合作用而有一定范围的波动。在园林建设中，必须对当地的气候变化以及植物的物候期有充分的了解，才能发挥植物的园林功能以及进行合理的栽培管理措施。

二、昼夜变温对植物的影响

气温的日变化中，在接近日出时出现最低值，在13~14时出现最高值。一日中的最高值与最低值之差称为“日较差”或“气温昼夜变幅”。植物对昼夜温度变化的适应性称为“温周期”。这种性质可以表现在下述几个方面：

1. 种子的发芽

多数种子在变温条件下可发芽良好，而在恒温条件下反而发芽略差。

2. 植物的生长

大多数植物均表现为在昼夜变温条件下比恒温条件下生长良好。其原因可能是适应性及昼夜温差大，有利于营养积累。

3. 植物的开花结实

在变温和一定程度的较大温差下，开花较多且较大，果实也较大，品质也较好。

植物的温周期特性与植物的遗传性和原产地日温变化的特性有关。一般而言，原产于大陆性气候地区的植物在日变幅为10℃~15℃条件下，生长发育最好，原产于海洋性气候区的植物在日变幅为5℃~10℃条件下生长发育最好，一些热带植物能在日变幅很小的条件下生长发育良好。

三、突变温度对植物的影响

植物在生长期中如遇到温度的突然变化，会打乱植物生理进程的程序而造成伤害，严重的会造成死亡。温度的突变可分为突然低温和突然高温两种情况。

（一）突然低温

由于强大寒潮的南下，可以引起突然的降温而使植物受到伤害，一般可分为以下几种：

1. 寒害

这是指气温在物理零度以上时使植物受害甚至死亡的情况。受害植物均为热带喜温植物，例如轻木在5℃时就会严重受害而死亡；热带的丁子香在气温为6. 1℃时叶片严重受害，3. 4℃时树梢即干枯；三叶橡胶树、椰子等在气温降至0℃以前，均叶色变黄而落叶。

2. 霜害

当气温降至0℃时，空气中过饱和的水汽在物体表面就凝结成霜，这时植物的受害称为霜害。如果霜害的时间短，而且气温缓慢回升，许多种植物可以复原；如果霜害时间长而且气温回升迅速，则受害的叶子反而不易恢复。

3. 冻害

气温降至0℃以下使植物体温亦降至零下，细胞间隙出现结冰现象，严重时质壁分离，细胞膜或壁破裂导致植物死亡。

植物抵抗突然低温伤害的能力，因植物种类和植物所处的生长状况而不同。在同一个气候带内的植物间，就有很大不同，生长在不同气候带的不同植物间的抗低温能力就更不同了，例如生长在寒温带的针叶树可耐-20℃以下的低温。应注意的是同一植物的不同生长发育状况，对抵抗突然低温的能力有很大不同，以休眠期最强，营养生长期次之，生殖期抗性最弱。此外，应注意的是同一植物的不同器官或组织的抗低温能力亦是不相同的，以胚珠最弱，心皮次之，雌蕊以外的花器又次之，果及嫩叶又次之，叶片再次之，而以茎干的抗性最强。但是以具体的茎干部位而言，以根茎，即茎与根交接处的抗寒能力最弱。了解这些知识，对园林工作者在植物的防寒养护管理措施方面都是很重要的。

4. 冻拔

在纬度高的寒冷地区，当土壤含水量过高时，由于土壤结冻膨胀而升起，连带将草本植物抬起，至春季解冻时土壤下沉而植物留在原位造成根部裸露死亡。这种现象多发生于草本植物，尤以小苗为主。

5. 冻裂

在寒冷地区的阳坡或树干的阳面由于阳光照晒，使树干内部的温度与干皮表面温度相差数十度，对某些树种而言，就会形成裂缝。当树液活动后，会有大量伤流出现，久之很易感染病菌，严重影响树势。树干易冻裂的树种有毛白杨、山杨、青杨等树种。

（二）突然高温

这主要是指短期的高温而言。植物生长中，其温度范围有最高点、最低点和最适点。当温度高于最高点就会对植物造成伤害直至死亡。其原因主要是破坏了新陈代谢作用，温度过高时可使蛋白质凝固及造成物理伤害，如皮烧等。

四、温度与植物分布

把热带、亚热带的树木种到北方就会冻死；把桃、蔷果等北方树种引种到亚热带、热带地方就会生长不良或不能开花结实，甚至死亡。这主要是因为温度因子影响了植物的生长发育从而限制了植物的分布范围。在园林建设中，由于经常要在不同地区应用各种植物，所以应当熟悉各地区所分布的植物种类及其生长发育状况。

各种植物的遗传性不同，对温度的适应能力有很大差异。有些种类对温度变化幅度的适应能力特别强，因而能在广阔的地域生长、分布，对这类植物称为“广温植物”或广布种；对一些适应能力弱，只能生活在很狭小温度变化范围的种类称为“狭温植物”。

植物除对温度的变幅有不同的适应能力因而影响分布外，它们在生长发育的生命过程尚需要一定的温度量即热量。根据这一特性，又可将各种植物分为大热量种（其中又可按照水分状况分为两类）、中热量种、小热量种以及微热量种。

当判别一种植物能否在某一地区生长时，从温度因子出发来讲，过去通常的习惯做法是查看当地的年平均温度，但这种做法只能作为粗略的参考数字，实际上是不能作为准确的根据。比较可靠的办法是查看当地无霜期的长短，生长期中日平均温度的高低、某些日平均温度范围时期的长短、当地变温出现的时期以及幅度的大小、当地的积温量以及当地最热月和最冷月的月平均温度值及极端温度值和此值的持续期长短，这种极值对植物的自然分布有着极大的影响。

园林绿化中，常常需突破植物的自然分布范围而引种许多当地所没有的奇花异木。当然，在具体实践中，不应只考虑到温度因子本身而需全面考虑所有因子的综合影响，才能获得成功。

五、生长期积温

植物在生长期中高于某温度数值以上的昼夜平均温度的总和，称为该植物的生长期积温。依同理，亦可求出该植物某个生长发育阶段的积温。积温又可分为有效积温与活动积温，有效积温是指植物开始生长活动的某一段时期内的温度总值。其计算公式为：

$$S=(T-T_0)\,n$$

式中T为n日期间的日平均温度，T_0为生物学零度，n为生长活动的天数，S为有效积温。生物学零度为某种植物生长活动的下限温度，低于此则不能生长活动。例如某树由萌芽至开花经15d，其间的日平均温度为18℃，其生物学零度为10℃，则S=（18-10）×15=120℃。即从萌芽到开花的有效积温为120℃。

生物学零度是因植物种类、地区而不同的，但是一般为方便起见，常概括地根据当地大多数植物的萌动物候期及气象资料，而做个概括的规定。在温带地区，一般用5℃作为生物学零度；在亚热带地区，常用10℃；在热带地区多用18℃作为生物学零度。

活动积温则以物理零度为基础。计算时极简单，只需将某一时期内的平均温度乘以该时期的天数即得活动积温，亦即逐天的日平均温度的总和。

第二节　水分因子

一、由水分因子起主导作用而形成的植物生态类型

（一）旱生植物

在干旱的环境中能长期忍受干旱而正常生长发育的植物类型。本类植物多见于雨量稀少的荒漠地区和干燥的低草原上，个别的也可见于城市环境中的屋顶、墙头、危岩陡壁上。根据它们的形态和适应环境的生理特性又可分为以下两类：

1. 少浆植物或硬叶旱生植物体内的含水量很少，而且在丧失1/2含水量时仍不会死亡。它们的形态和生理特点是：

（1）叶面积小，多退化成鳞片状或针状或刺毛状，如树柳、针茅、沙拐枣等。

（2）叶表具有厚的蜡层、角质层或绒毛，防止水分的蒸腾，如驼绒藜。

（3）叶的气孔下陷并在气孔腔中生有表皮毛，以减少水汽的散失。

（4）当体内水分降低时，叶片卷曲或呈折叠状，如卷柏。

（5）根系极发达，能从较深的土层内和较广的范围内吸收水分，如骆驼刺的根可深入地下近20m处。

（6）细胞液的渗透压极高，常为20~40个大气压，有的可达80~100个大气压，这类叶子失水后不萎凋变形。

（7）同一属中少浆植物单位叶面积上的气孔数目常比同属中中生植物的气孔数多，因此在土壤水分充足时，其蒸腾作用会比中生植物强得多，但在干旱条件下蒸腾作用却极低。

2. 冷生植物或干矮植物

本类植物有旱生少浆植物的旱生特征，但又有自己的特点。一般均形体矮小，多呈团丛状或垫状。其生长环境依水分条件可分为两种。一种是土壤干旱而寒冷，因而植物具有旱生性状；另一种是土壤湿润甚至多湿而寒冷，植物亦呈旱生性状，其原因是气候寒冷因而造成生理上的干旱。前者又可称为干冷生植物，常见于高山地区，而后者又可称为湿冷生植物，常见于寒带、亚寒带地区，可谓温度与水分因子综合影响所致。

（二）中生植物

大多数植物均属于中生植物，不能忍受过干和过湿的条件，但是由于种类众多，因而对干与湿的忍耐程度方面具有很大差异。耐旱力极强的种类具有旱生性状

的倾向，耐湿力极强的种类则具有湿生植物性状的倾向。中生植物的特征是根系及输导系统均较发达；叶片表面有一层角质层，叶片的栅栏组织和海绵组织均较整齐；细胞液的渗透压约在5~25个大气压；叶片内没有完整而发达的通气系统。

以中生植物中的木本植物而言，油松、侧柏、酸枣等有很强的耐旱性，但仍然以在干湿适度的条件下生长最佳，而如桑树、旱柳、紫穗槐等，则有很高的耐水湿能力，但仍然以在中生环境下生长最佳。

二、耐旱、耐涝树种

在园林绿化建设中，掌握树木的耐旱、耐涝能力是十分重要的。

（一）耐旱树种

1. 耐旱力最强的树种

经受2个月以上的干旱和高温，其间未采取任何抗旱措施而生长正常或略缓慢的树种有：沙枣、红柳、梭梭、花棒、垂柳、旱柳、小檗、桃、刺槐、紫穗槐、臭椿、盐肤木、锦鸡儿、樟子松等。

2. 耐旱力较强的树种

经受2个月以上的干旱高温，未采取抗旱措施，树木生长缓慢，有叶黄落及枯梢现象者有：油松、侧柏、千头柏、圆柏、毛白杨、龙爪柳、白榆、桑树、无花果、杜梨、杏树、李树、皂荚、国槐、丝棉木、丁香、榆叶梅、枸杞、金银花等。

3. 耐旱力中等的树种

经受2个月以上的干旱和高温不死，但有较重的落叶和枯梢现象者有：白皮松、刺柏、银白杨、小叶杨、钻天杨、山核桃、枣树、葡萄、白蜡树、连翘、梓树、接骨木、绣球花、荚蒾、锦带花等。

4. 耐旱力较弱的树种

干旱高温期在1个月以内不致死亡，但有严重落叶枯梢现象，生长几乎停止，如旱期再延长而不采取抗旱措施就会逐渐枯萎死亡者，如白玉兰。

5. 耐旱力最弱的树种

旱期1个月左右即死亡，在相对湿度降低，气温高达40℃以上时死亡最为严重者，如银杏等。

（二）耐淹树种

1. 耐淹力最强的树种

能耐长期（3个月以上）的深水浸淹，当水退后生长正常或略见衰弱，树叶有黄落现象，有时枝梢枯萎；又有洪水虽没顶但生长如旧或生势减弱而不致死亡有：垂柳、旱柳、龙爪柳、桑、杜梨、柽柳、紫穗槐等。

2. 耐淹力较强的树种

能耐较长期（2个月以上）深水浸淹，水退后生长衰弱，树叶常见黄落，新枝、幼茎也常枯萎，但有萌芽力，以后仍能萌发恢复生长如葡萄、白蜡等。

3. 耐泡力中等的树种

能耐较短时期（1~2个月）的水淹，水退后树势衰弱，时间一久即趋枯萎，即使有一定萌芽力也难恢复生势，本类有：侧柏、千头柏、圆柏、杨类、李树、苹果、槐树、臭椿、枸杞等。

4. 耐淹力较弱的树种

仅能忍耐2~3周短期水淹，超过时间即趋枯萎，一般经短期水淹后生长也显著衰弱，本类有白榆、杏、皂荚、梓树、连翘等。

5. 耐淹力最弱的树种

最不耐淹，水仅浸淹地表或根系一部分至大部分时，经过不到1周的短暂时期即趋枯萎而无恢复生长的可能，本类有桃、刺槐、盐肤木等。

由上述的耐旱、耐淹力分级情况来看，可概括出树木的几个特点：

（1）对阔叶树而言，一般情况是耐淹力强的树种，其耐旱力也表现得很强，例如柳类、桑、梨类、紫穗槐、白蜡、柽柳等。

（2）深根性树种大多较耐旱（1~2级），如松类、臭椿等。浅根性树种大多不耐旱（3~5级），如刺槐等。

（3）树种的耐力与其原产地生境条件有关。

（4）在针叶树类（包括银杏）中，其自然分布较广即属于大科，大属的树木比较耐旱，如多种松科、柏科的树种。反之，自然分布较狭及属于小科、小属，如仅有一科一属一种或仅有几种者，其耐旱力多较弱。在阔叶树类中，也有上述趋势，但非必然。在耐水力方面，不论针叶树或阔叶树，常绿者不如落叶者耐涝，而松科、木兰科、杜仲科、无患子科、梧桐科、锦葵科、豆科（紫穗槐、紫藤等例外）、蔷薇科（梨属例外）等大多耐淹性较差（3~5级）。

（5）就某个具体树种而言，其分布区域广大者，常具有较强的耐性。

三、水分的其他形态对树木的影响

1. 雪

在寒冷的冬季，降雪可覆盖大地，有增加土壤水分，保护土壤，防止土温过低，避免结冻过深，有利植物越冬等作用。但是在雪量较大的地区，会使树木受到雪压，引起枝干倒折的伤害。一般言之，常绿树比落叶树受害严重，单层纯林比复层混交林严重。

2. 冰雹

对树木会造成不同程度的损害。

3. 雨淞、雾淞

会在树枝上形成一层冻壳，严重时，冰壳愈益加厚最终使树枝折断。一般以乔木受害较多，乔木中又因种类的不同而受害程度有很大差异，木质脆的最易受害，木质富弹性者则不易受害。

4. 雾

多雾即空气中的相对湿度大，虽然能影响光照，但一般言之，对草木的繁茂是有利的。

第三节　光照因子

光是绿色植物的生存条件之一，绿色植物通过光合作用将光能转化为化学能，为地球上的生物提供了生命活动的能源。

一、光质对植物的影响

光是太阳的辐射能以电磁波的形式投射到地球的辐射线。其能量的99%是集中在波长为130~400nm的范围内。人眼能看到的波长为380~770nm的范围，即是称为可见光的范围。对植物起着重要作用的部分主要是可见光部分。但是人眼看不见的波长＜380nm的紫外线部分以及看不见的波长＞770nm的红外线部分对植物也有作用。一般言之植物在全光范围，即在白光下才能正常生长发育，但是白光中的不同波长段即红光（760~626nm）、橙光（626~595nm）、黄光（595~575nm）、绿光（575~490nm）、青蓝光（490~435nm）、紫光（435~370nm）对植物的作用是不完全相同的。青蓝光、紫光对植物的伸长生长有抑制作用，对幼芽的形成和细胞的分化均有重要作用，它们还能抑制植物体内某些生长激素的形成因而抑制了茎的伸长，并产生向光性；它们还能促进花青素的形成，使花朵色彩鲜丽。紫外线也有同样的功能，所以在高山上生长的植物，节间均短缩而花色鲜艳。可见光中的红光和不可见的红外线都能促进茎的加长生长和促进种子及孢子的萌发。对植物的光合作用而言，以红光的作用最大，其次是蓝、紫光；红光又有助于叶绿素的形成，促进二氧化碳的分解与碳水化合物的合成，蓝光则有助于有机酸和蛋白质的合成。绿光及黄光则大多被叶子所反射或透过而很少被利用。

二、日照时间长短对植物的影响

每日的光照时数与黑暗时数的交替对植物开花的影响称为光周期现象。按此反应可将植物分为4类：

1. 长日照植物

在开花以前需要有一段时期，每日的光照时数＞14h的临界时数称为长日照植物。如果满足不了这个条件则植物将仍然处于营养生长阶段而不能开花。反之，日照愈长开花愈早。

2. 短日照植物

在开花前需要一段时期每日的光照时数＜12h的临界时数的称为短日照植物。日照时数愈短则开花愈早，但每日的光照时数不得短于维持生长发育所需的光合作用时间。有人认为短日照植物需要一定时数的黑暗而非光照。

3. 中日照植物

只有在昼夜长短时数近于相等时才能开花的植物。

4. 中间性植物

对光照与黑暗的长短没有严格的要求，只要发育成熟，无论长日照条件或短日照条件下均能开花。

由于各种植物在长期的系统发育过程中所形成的特性，即对生境适应的结果，大多是长日照植物发源于高纬度地区而短日照植物发源于低纬度地区，而中间性植物则各地带均有分布。

日照的长短对植物的营养生长和休眠也有重要的作用。一般言之，延长光照时数会促进植物的生长或延长生长期，缩短光照时数则会促使植物进入休眠或缩短生长期。苏联曾对欧洲落叶松进行不间断的光照处理，结果使生长速度加快了近15倍，中国对杜仲苗施行不断光照使生长速度增加了一倍。对从南方引种的植物，为了使其及时准备过冬，则可用短日照的办法使其提早休眠以增强抗逆性。

三、光照强度对植物的影响

根据植物对光照强度的关系，可分为三种生态类型。

1. 阳性植物

在全日照下生长良好而不能忍受荫庇的植物。例如落叶松属、松属、杨属、柳属等多种树木，以及草原、沙漠及旷野中的多种草本植物。阳性植物的细胞壁较厚，细胞体积较小，木质部和机械组织发达，叶表有厚角质层；叶的栅栏组织发达，不至1层，常有2~3层；叶绿素a与叶绿素b的比值较大（a/b），因为叶绿素a多时有利于红光部分的吸收，使阳性植物在直射光线下充分利用红色光段，气孔数目较多，细胞液浓度高，叶的含水量较低。

2. 阴性植物

在较弱的光照条件下比在全光照下生长良好。例如许多生长在潮湿、阴暗密林中的草本植物。严格地说，木本植物中很少有典型的阴性植物而多为耐阴植物，这点是与草本植物不同的。阴性植物的细胞壁薄而细胞体积较大，木质化程度较差，机械组织不发达，维管束数目较少，叶子表皮薄，无角质层，栅栏组织不发达而海绵组织发达。叶绿素a与叶绿素b的比值较小，即叶绿素b较多，因而有利于利用林下散射光中的蓝、紫光段，气孔数目较少，细胞液浓度低，叶的含水量较高。

3. 中性植物（耐阴植物）

在充足的阳光下生长最好，但亦有不同程度的耐阴能力，高温和干旱时在全光照下生长受抑制。木类植物的耐阴程度因种类不同而有很大差别，过去习惯于将耐阴力强的树木称为阴性树，但从形态解剖和习性上来讲又不具典型性，故归于中性植物为宜，在中性植物中包括有偏阳性的与偏阴性的种类。例如榆属为中性偏阳；槐、圆柏、珍珠梅属等为中性稍耐阴；云杉属等属中性而耐阴力较强的种类，因为这些树种在温、湿适宜条件下在光线充足处比在林下阴暗处更为健壮。中性植物在同一植株上，处于阳光充足部位枝叶的解剖构造倾向于阳性植物，而处于阴暗部位的枝叶构造则倾向于阴性植物。

四、树木的耐阴力

在园林建设实际工作中，掌握各种树木的耐阴力是非常有用的。

（一）常见乔木耐阴能力的顺序（从强到弱排列）

云杉属、圆柏、槐、白榆、白皮松、油松、白蜡树、臭椿、刺槐、杨属、柳属、落叶松属。

（二）判断树木耐阴性的标准

1.生理指标法

植物的光合作用在一定的光照强度范围内是与光强有密切关系的，当光强减弱到一定程度时，树木由光合作用所合成的物质量恰好与其呼吸作用所消耗的量相等，此时的光照强度称为光补偿点。随着光照强度的增加光合作用的强度亦提高，因而产生有机物质的积累，但是当光强增加到一定程度后光合作用就达到最大值而不再增加，此时的光照强度称为光饱和点。耐阴性强的树种其光补偿点较低，有的仅为100~300lx，而不耐阴的阳性树则为1000lx。耐阴性强的树种其光饱和点较低，有的为5000~10 000lx，而一些阳性树的光饱合点可达50 000lx以上，就一般树种而言约在20 000~50 000lx。因此从测定树种的光补偿点和光饱和点上可以判断其对光照的需求程度。但是植物的光补偿点和光饱和点是随生境条件的其他因子以及植物本身的生长发育状况和不同的部位而改变的。例如红松的补偿点，在郁闭的林下为70lx，在半阴处为100lx，在全光下为150lx，相差达1倍以上。此外，由于温度、湿度的变化又可影响到呼吸作用和蒸腾作用的强度从而影响到光补偿点和光饱和点的数值，因此在判断植物的耐阴性时需要综合地考虑到各方面的影响因素。

2. 形态指标法

有经验的园林工作者根据树木的外部形态，常可以大致推知其耐阴性，方法简便迅速，其标准有以下几方面：

（1）树冠伞形者多为阳性树，树冠呈圆锥形而枝条紧密者多为耐阴树种。

（2）树干下部侧枝早行枯落者多为阳性树，下枝不易枯落而且繁茂者多为耐阴树。

（3）树冠的叶幕区稀疏透光，叶片色较淡而质薄，如果是常绿树，其叶片寿命较短者为阳性树。叶幕区浓密，叶片色浓而深且质厚者，如果是常绿树，则其叶在树上存活多年者为耐阴树。

（4）常绿性针叶树的叶呈针状者多为阳性树，叶呈扁平或呈鳞片状，而表、背区别明显者为耐阴树。

（5）阔叶树中的常绿树多为耐阴树，而落叶树种多为阳性树或中性树。

在园林建设中了解树木的耐阴力是很重要的，例如阳性树的寿命一般较耐阴树为短，但生长速度较快，所以在进行树木配植时必须搭配得当。树木在幼苗、幼树阶段的耐阴性高于成年阶段，即耐阴性常随年龄的增长而降低，在同样的荫庇条件下，幼苗可以生存，但对幼树的健壮生长而言，以0. 3~0. 5的郁闭度为适宜。了解这一点，则可以进行科学的管理，适时地提高光照强度。此外，对于同一树种而言，生长在其分布区的南界比生长在分布区中心的耐阴，而生长在分布区北界的个体较喜光。同样的树种，海拔愈高，树木的喜光性愈增加。土壤的肥力也可影响植物的需光量。掌握这些知识，对引种驯化、苗木培育、植物的配植和养护管理以及盆栽植物的培养和催延花期等各方面均会有所助益。

第四节　空气因子

一、空气中对植物起主要作用的成分

（一）氧和二氧化碳

氧是呼吸作用必不可少的，但在空气中它的含量基本上是不变的，所以对植物的地上部分而言不形成特殊的作用，但是植物根部的呼吸以及水生植物尤其是沉水植物的呼吸作用则靠土壤中和水中的氧气含量了。如果土壤中的空气不足，会抑制根的伸长以致影响到全株的生长发育。因此，在栽培上经常要耕松土壤，避免土壤板结。在黏质土地上，有的需多施有机质或换土以改善土壤物理性质，在盆栽中经常要配合更换具有优良理化性质的培养土。

二氧化碳是植物光合作用必需的原料，以空气中的二氧化碳的平均浓度为320ppm计，从植物的光合作用角度来看，这个浓度仍然是个限制因子。据生理试验表明，在光强为全光照1/5的实验室内，将二氧化碳浓度提高3倍时，光合作用强度也提高3倍，但是如果二氧化碳浓度不变而仅将光强提高3倍时，则光合作用仅提高1倍。因此在现代栽培技术中有对温室植物施用二氧化碳气体的措施。二氧化碳浓度的提高，除有增强光合作用的效果外，据试验尚有促进某些雌雄异花植物的雌花分化的效果，因此可以用于提高植物的果实产量。

（二）氮气

空气中的氮气占约4/5之多，但是高等植物却不能直接利用它，只有固氮微生物和蓝绿藻可以吸收和固定空气中的游离氮。根瘤菌是与植物共生的一类固氮微生物，它在将空气中的分子氮吸收固定过程中需要用147kcal的能量；它的固氮能力因所共生的植物种类而不同，据测算每公顷的紫花苜蓿可固氮达200kg，每公顷大豆或花生可达50kg。非共生的固氮微生物的固氮能力弱得多，一般每年每公顷仅约5kg。此外，蓝绿藻的固氮能力也较强。

二、空气中的污染物质

由于工业的迅速发展和防护措施的缺乏或不完善，造成大气和水源污染，污染大气的有毒物质已达400余种，通常危害较大的有20余种，按其毒害机制可分为6个类型：

（1）氧化性类型　如臭氧、过氧乙酰、硝酸脂类、二氧化氮、氯气等。

（2）还原性类型　如二氧化硫、硫化氢、一氧化碳、甲醛等。

（3）酸性类型　如氟化氢、氯化气、氰化氢、三氧化硫、四氟化硅、硫酸烟雾等。

（4）碱性类型　如氨等。

（5）有机毒害型　如乙烯等。

（6）粉尘类型　按其粒径大小又可分为落尘（粒径在10μm以上）及飘尘（粒径在10μm以下），如各种重金属无机毒物及氧化物粉尘等。

在城市中汽车过多的地方，由汽车排出的尾气经太阳光紫外线的照射会发生光化学作用变成浅蓝色的烟雾，其中90%为臭氧，其他为醛类、烷基硝酸盐、过氧乙酰基硝酸酯，有的还含有为防爆消声而加的铅，这是大城市中常见的次生污染物质。

三、城市环境中常见的污染物质和抗烟毒树种

（一）二氧化硫

凡烧煤的工厂以及供暖、发电的锅炉烟囱、硫铵化肥厂等所放出的烟气中均含有二氧化硫和三氧化硫，一般以二氧化硫最普遍。二氧化硫气体进入叶片后遇水形成亚硫酸和亚硫酸离子，然后再逐渐氧化为硫酸离子。当亚硫酸离子增加到一定量时，叶片会失绿，严重的会逐渐枯焦死亡。当空气中含量达万分之0. 005至万分之0. 2时就可对某些植物起毒害作用。

抗性强的有：臭椿、国槐、榆树、加杨、垂柳、旱柳、馒头柳、小叶白蜡、杜梨、梓树、银白杨、毛白杨、山桃、丁香、胡桃、紫穗槐、野蔷薇、珍珠梅、云杉、连翘、山楂、火炬树、五叶地锦、地锦等。

抗性中等的有：钻天杨、桑树、西府海棠、榆叶梅、接骨木、银杏、侧柏、白皮松。

抗性弱的有：桃、复叶槭、山杏、油松、黄刺玫等。

（二）光化学烟雾

汽车排出气体中的二氧化氮经紫外线照射后产生一氧化氮和氧原子，后者立即与空气中的氧化合成臭氧；氧原子还与二氧化硫，化合成三氧化硫，三氧化硫又与空气中的水蒸气化合生成硫酸烟雾；此外氧原子和臭氧又与汽车尾气中的碳氢化合物化合成乙醛；尾气中尚有其他物质，所以比较复杂，但以臭氧量最大，约占90%。

（三）氮及氯化氢

现在塑料产品日益增多，在聚氯乙烯塑料的生产过程中可能造成的空气污染属于本类物质。

耐毒能力最强的有：杠柳、五叶地锦等。

耐毒能力强的有：榆、接骨木、槐、紫穗槐等。

耐毒能力中等的有：皂荚、桑、加拿大杨、臭椿、二青杨、侧柏、复叶槭、锦

鸡儿、丝棉木、文冠果等。

耐毒能力弱的有：香椿、枣、红瑞木、圆柏、刺槐、旱柳、银杏等。

耐毒能力很弱的有：海棠、苹果、钻天杨、连翘、油松、垂柳、馒头柳、山桃等。

不耐毒而死亡的有：榆叶梅、黄刺玫等。

（四）氟化物

氟化物对植物危害很大，空气中的氟化氢浓度如高于十亿分之三（3ppb）就会在叶尖和叶缘首先显出受害症状。例如氟化氢浓度为1ppb时在半个月至两个月内可使杏、李、葡萄等受害，如浓度达5ppb则在7~10d就可使之受害。

根据调查知：

抗性强的有：国槐、臭椿、垂柳、龙爪柳、白皮松、侧柏、丁香、山楂、紫穗槐、连翘、金银花、地锦、五叶地锦等。

抗性中等的有：刺槐、桑、火炬树、文冠果等。

抗性弱的有：榆叶梅、山桃、李、葡萄、白蜡、油松等。

四、空气的流动与抗风树种

空气流动形成风。风依其速度通常分为12级，低速的风对植物有利，高速的风则会使植物受到危害。

对植物有利方面是有助于风媒花的传粉，例如银杏雄株的花粉可顺风传播数千米以外；云杉等生长在下部枝条上的雄花花粉，可借助于林内的上升气流传至上部枝条的雌花上。风又可传播果实和种子，带翼和带毛的种子可随风传到很远的地方。

风对树木不利的方面为生理和机械伤害，风可加速蒸腾作用，尤其是在春夏生长期的旱风、焚风可给农林生产上带来严重损失，而风速较大的飓风等则可吹折树木枝干或使树木倒伏。

各种树木的抗风力差别很大：

抗风力强的有：圆柏、白榆、枣树、葡萄、臭椿、槐树、梅树等。

抗风力中等的有：侧柏、银杏、桑、梨、桃、杏、旱柳等。

抗风力弱受害较大的有：加杨、钻天杨、银白杨、垂柳、刺槐、核桃、苹果等。

一般言之，凡树冠紧密，材质坚韧，根系强大深广的树种，抗风力就强；而树冠庞大，材质柔软或硬脆，根系浅的树种，抗风力就弱。但是同一树种又因繁殖方法、立地条件和栽培方式的不同而有异。用插播繁殖的树木，其根系比用播种繁殖得浅，故易倒；在土壤松软而地下水位较高处亦易倒，孤立树和稀植的树比密植者易受风害，以密植抗风力最强。

此外，在北方较寒冷地带，于冬末春初经常刮风，加强了枝条的蒸腾作用，但此时地温很低，有的地区土壤仍未解冻，根系活动微弱，因此造成细枝顶梢和干枯死亡现象，习称为干梢或抽条。此种现象对由南方引入的树种以及易发生副梢的树种较严重。

第五节　土壤因子

一、依土壤酸度而分的植物类型

自然界中的酸度是受气候、母岩及土壤中的无机和有机成分、地形地势、地下水和植物等因子影响的。一般言之，在干燥而炎热的气候下，中性和碱性土壤较多；在潮湿寒冷或暖热多雨的地方则以酸性土为多；母岩如为花岗岩类则为酸性土，为石灰岩时则为碱性土；地形如为低湿冷凉而积水之处则常为酸性土；地下水中如富含石灰质成分时则为碱性；同一地的土壤依其深度的不同以及季节的不同在土壤酸度上会发生变化；此外，如长时期地施用某些无机肥料，亦可逐渐改变土壤的酸度。

依照中国科学院南京土壤研究所1978年的标准，中国土壤酸碱度可分为5级，即强酸性为pH<5. 0，酸性为pH5. 0~5. 5，中性为pH6. 5~7. 5，碱性为pH7. 5~8. 5，强碱性为pH>8. 5。

依植物对土壤酸度的要求，可以分为三类，即：

（1）酸性土植物　在酒泉市园林栽培中酸性植物种类极少。

（2）中性土植物　在中性土壤上生长最佳的种类。土壤pH6. 5~7. 5，例如大多数的花草树木均属此类。

（3）碱性土植物　在呈轻或重的碱性土上生长最好的种类。土壤pH7. 5以上，例如柽柳、紫穗槐、沙棘、沙枣（桂香柳）、杠柳等。

在上述三类中，每类中的植物又因种类不同而有不同的适应性范围和特点，故有人又将植物对土壤酸碱性的反应按更严格的要求而分为5类，即：需酸植物（只能生长在强酸性土壤上，即使在中性土上亦会死亡），需酸耐碱植物（在强酸性土中生长良好，在弱碱性土中生长不良但不会死亡），需碱耐酸植物（在碱性土中生长最好，在酸性土中生长不良但不会死亡），需碱植物（只能生于碱土中，在酸性土中会死亡）及偏酸偏碱植物（既能生于酸性又能生于碱性土中，但是在中性土壤中却较少，如熊果，这类植物少见）。

二、依土壤中的含盐量区分植物类型

在酒泉市有相当面积的盐碱化土壤，这些盐土、碱土以及各种盐化、碱化的土壤均统称为盐碱土。

盐土中通常含有氯化钠及硫酸钠，因为这两种盐类属中性盐，所以一般盐土的pH属于中性土，其土壤结构未被破坏。碱土中通常含碳酸钠较多，或含碳酸氢钠较多，又有碳酸钾较多的，土壤结构被破坏，变坚硬，pH一般均在8. 5以上。依植物在盐碱土上生长发育的类型，可分为：

（一）喜盐植物

1. 旱生喜盐植物

主要有黑果枸杞、梭梭、柽柳、碱蓬等。

2. 湿生喜盐植物

主要分布于沿海海滨地带。如盐蓬、老鼠筋等。

喜盐植物以不同的生理特性来适应盐土所形成的生境，对一般植物而言，土壤含盐量超过0. 6%时即生长不良，但喜盐植物却可在1%甚至在超过6%氯化钠浓度的土壤中生长。喜盐植物可以吸收大量可浴性盐类并积聚在体内，细胞的渗透压高达40~100个大气压，如黑果枸杞、梭梭等，这类植物对高浓度的盐分的依赖已成为其生理上的需要了。

（二）抗盐植物

亦有分布于旱地或湿地的种类。它们的根细胞膜对盐类的渗透性很小，所以很少吸收土壤中的盐类，其细胞的高渗透压不是由于体内的盐类而是由于体内含有较多的有机酸、氨基酸和糖类所形成的，如田菁、盐地风毛菊等。

（三）耐盐植物

亦有分布于干旱地区和湿地的类型。它们能从土壤中吸收盐分，但并不在体内积累而是将多余的盐分经茎、叶上的盐腺排出体外，即有泌盐作用。例如柽柳、二色补血草等。

（四）碱土植物

能适应pH达8. 5以上和物理性质极差的土壤条件，如一些藜科、苋科等植物。

从园林绿化建设来讲，在不同程度的盐碱土地区，较常用的耐盐碱树种有：柽柳、白榆、加杨、小叶杨、桑、杞柳、旱柳、枸杞、臭椿、刺槐、紫穗槐、国槐、白蜡、杜梨、沙枣、枣、杏、钻天杨、胡杨、侧柏等。

三、依对土壤肥力的要求区分植物类型

绝大多数植物均喜生于深厚肥沃而适当湿润的土壤，但从绿化来考虑需选择出耐瘠薄土地的树种，特称为瘠土树种，例如油松、酸枣、小檗、锦鸡儿等。

四、沙生植物

能适应沙漠半沙漠地带的植物，具有了耐干旱贫瘠、耐沙埋、抗日晒、抗寒耐热、易生不定根、不定芽等特点。如花棒、梭梭、柽柳、骆驼刺、沙拐枣等。

第六节　地形地势因子

一、海拔高度

海拔由低至高则温度渐低、相对湿度渐高，光照渐强，紫外线含量增加，这些现象以山地地区更为明显，因而会影响植物的生长与分布。山地的土壤随着海拔的增高，温度渐低湿度增加，有机质分解渐缓，淋溶和灰化作用加强，因此pH渐低。由于各方面因子的变化，对于植物个体而言，生长在高山上的树木与生长在低海拔的同种个体相比较，则有植株高度变低、节间变短、叶的排列变密等变化。

二、坡向方位

不同方位山坡的气候因子有很大差异，例如山南坡光照强，土温、气温高，土壤较干，而山的北坡则正相反。在酒泉，由于降水量少，所以土壤的水分状况对植物生长影响极大，因而在北坡可以生长乔木，植被繁茂，甚至一些阳性树种亦生于阴坡或半阴坡；在南坡由于水分状况差，所以仅能生长一些耐旱的灌木和草本植物。此外，不同的坡向对植物冻害、旱害等亦有很大影响。

三、地势变化

地势的陡峭起伏，坡度的缓急等，不但会形成小气候的变化而且对水土的流失与积聚都有影响，因此可直接或间接地影响到树木的生长和分布。

坡度通常分为6级，即平坦地<5°，缓坡为6°~13°，中坡为16°~23°，陡坡为26°~35°，急坡为36°~45°，险坡为45°以上。在坡面上水流的速度与坡度及坡长成正比，而流速愈大、径流量愈大时，冲刷掉的土壤量也愈大。

山谷的宽、狭与深浅以及走向变化也能影响植物的生长状况。

第七节　生物因子

在植物生存的环境中，尚存在许多其他生物，如各种低等、高等动物，它们与植物间有着各种大或小的、直接或间接的相互影响，而在植物与植物间也存在着错综复杂的相互影响。

动物方面，为大家所熟知的例子是达尔文早在1837年和1881年发表的论文中所指出的有关蚯蚓活动的影响。他指出在当地一年中，每公顷面积上由于蚯蚓的活动所运到地表的土壤平均达15t。这就显著地改善了土壤的肥力，增加了钙质，从而影响着植物的生长。土壤中的其他无脊椎动物以及地面上的昆虫等均对植物的生长有一定的影响。例如有些象鼻虫等可使豆科植物的种子几乎全部毁坏而无法萌芽，从而影响该种植物的繁衍。许多高等动物，如鸟类、单食性的兽类等亦可对树木的生长起很大影响。例如很多鸟类对散布种子有利，但有的鸟却因可以吃掉大量的嫩芽而损害树木的生长。松鼠可吃掉大量的种子；兔、羊等每年都可吃掉大量的幼苗或嫩枝。松毛虫在短期内能将成片的松林针叶吃光。当然，有些动物亦为植物带来许多有利的作用，如传粉、传播种子以及起到害虫天敌的生防作用等。

植物方面，互相的影响更是密切，例如植物受真菌的寄生而患病甚至死亡。高等的寄生植物如菟丝子可使大豆大大减产，槲寄生、桑寄生会使寄主长势逐渐衰弱。附生植物一般言之对附主影响不太大，但有些附生植物却可绞杀植物使附主死亡。植物之间的共生现象是对双方有利的，例如豆科植物的根瘤以及沙棘等的根瘤。许多具有挥发性分泌物质的植物可以影响附近植物的生长，例如将苹果种在胡桃树附近则苹果会受到胡桃叶分泌出核桃醌的影响而发生毒害，但将皂荚、白蜡树种在一起，就会促进他们的生长速度。自然界中发现的连理枝现象则是植物间的机械损伤与愈合现象。此外，在树林中发生的根部自然嫁接愈合现象，以及植物群落的形成与演替发展等均是植物种本身及植物种之间的直接、间接的互相影响，以及外界的综合作用所致。

第八节　植物的垂直分布与水平分布

一、垂直分布

这是指在山区由于海拔高度的变化而形成不同的植物分布带。从低海拔处向高海拔处上升，每升高100m，年平均温度约下降0. 6℃，而相对湿度却有所增加。垂直分布的模式是从热带雨林过渡到阔叶常绿树带、阔叶落叶树带、针叶树带、灌木带、高山草原带、高山冻原带直至雪线（图2–1）。

一般言之，除了热带的高山以外，极难见到全部各带的垂直分布，普遍只能见到少数的几带，现在以中国西部某地的植被垂直分布状况为例（图2–2）。

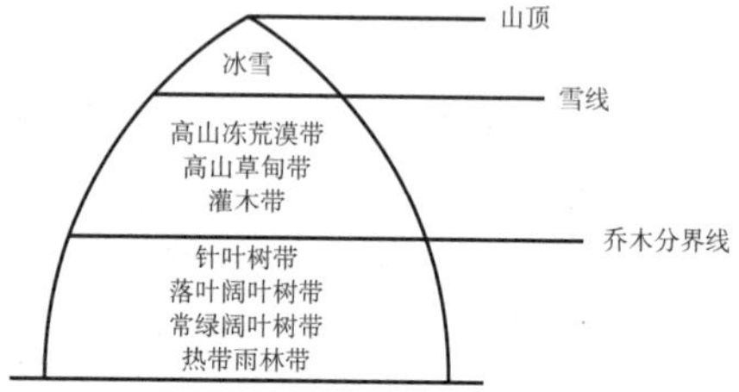

图2–1　植物垂直分布模式图

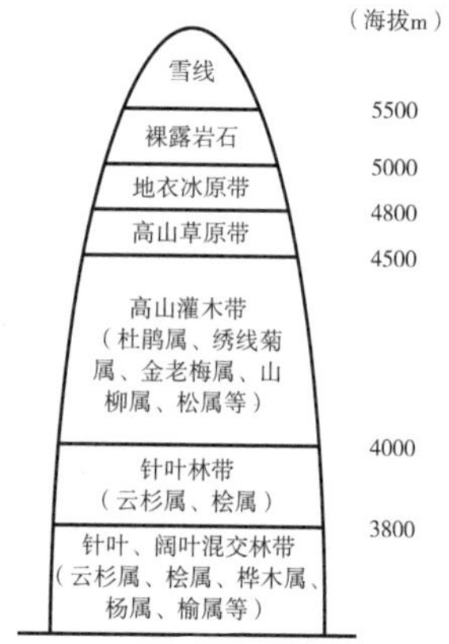

图2–2　中国西部某地植物垂直分布模式图

二、水平分布

植物的水平分布主要是受纬度、经度气候带的影响，而地形及土壤因子亦起着一定的作用。气候带的基本状况是自赤道向两极，热量随纬度的提高而渐减，并依经线的方向距离海洋愈远时，则由海洋性气候渐变为大陆性气候，植物受这种变化的影响而形成自然的水平分布带。

热带靠近海洋处的炎热多湿气候，特别有利于常绿的中生形态结构的树木和阴性的湿生形态树木的生长，故形成热带雨林及阔叶常绿树带。从海边向大陆深处，空气湿度渐减，出现了明显的旱季与雨季的季节性变化，故形成具有中生、旱生形态结构的硬叶植物和冬绿植物的稀树草原带；再向大陆腹部深入，则因降水量愈益减少，树木不能生长，形成只能生长草本植物的热带草原地带；继续向大陆中心深入，水分极少，由于气候非常干燥，所以只有具旱生形态的植物稀疏地生长在酷热的沙漠之中，形成有仙人掌肉质植物的分布带；在大陆中心因极度干燥酷热而形成了热带干荒漠。

在温带的沿海地区，仍有阔叶常绿树带（以樟科植物作典型代表）；渐向大陆中心则有具旱生形态的硬叶树木及干草原以至温带的干荒漠植物了。在温带纬度较高的地区，在近海处有夏绿树及盐碱土植物的分布，向大陆中心则经森林草原、草原以至温带荒漠。

在寒带的近海处，有夏绿树和针叶树的分布，向大陆中心则渐变为草原及荒漠。在寒带的高纬度地区则仅稀疏地生长着苔原小灌木和苔藓、地衣等植物，形成冻荒漠带。

以上仅是水平分布规律概括性的模式，实际上，由于河湖、土壤、地形地势等的种种变化，会使树木的水平分布情况比模式所显示的要复杂得多。例如，以中国中部地区而言，在近海地带是温带、夏绿林带及草地带呈不规则的楔状嵌入分布，略向西进则为亚高山针叶林带及局部的草原、草地带。在中国西部，则为高原草地灌丛带、荒漠及半荒漠带和高原冻荒漠带呈犬牙交错状分布。

此外，若就某个植物种的自然分布而言，它是依该种的生长发育特性及其对综合环境因子的适应关系而形成该种的垂直分布和水平分布区的。各种植物生长分布的状况，除了生态方面的作用外，尚受地史变迁、种的历史发展以及人类生产活动的巨大影响。因此不同的种类，其分布区的大小，分布的中心地区，以及分布的方式（如连续的分布区或间断的分布区等），均有其各自的特点。

园林工作者在不同气候区对大面积地形复杂区域进行绿化时，必须掌握上述总的规律作为基础。

第九节　城市环境概述

在同一地理位置上的城市或居民区的环境条件与其周围的自然环境条件相比，是有很大变化的，因此在进行园林绿化建设时必须根据城市环境的特殊情况加以考虑。

一、城市气候

（一）城市的下垫面

城市的下垫面与具较疏松湿润的土壤，且多有植物覆盖的农村下垫面相比，有很大的不同，城市的下垫面多数是水泥或沥青铺装的街道广场和由疏密相间、高低错落的建筑群形成的屋顶和墙面。建筑密度大的地方，仅少部分直射光能照到地面。由于城市下垫面的这种特性，会引起气团的变化，进而影响城市气候。从光能利用来说，打造屋顶花园和构筑物、墙面的绿化有广阔的天地；从地面来讲，反射、漫射光较丰富。

（二）微尘与细菌

1. 微尘

所谓微尘是指空气中一切飘浮的污染空气的微粒。通常分为习称的离子与核。

（1）离子　城市空气中所习称的离子，不是一般物理学上的离子，而是指比半径10^{-8}cm大的微粒。离子按其大小可分为轻离子、中离子、重离子及超重离子。

（2）核　按大小可分为小核、大核及巨型核（尘埃，半径约为10^{-8}cm），由于能源燃烧而产生10^{-7}~10^{-5}cm大小的原核。地表物质的破坏也产生核，其中10^{-5}~10^{-2}cm大小的尘粒，会因车辆开过而产生的风带起而飞扬于空中，进而可能由小核、原核与同样大小或较大的核相结合形成凝结核。居住区上空多为凝结核和原核。半径愈小的尘埃沉降愈慢，久停于空中，飘距也越远，城市对大气候的影响也就越广。

由轻离子和重凝结核相结合而产生重离子。城市空气与农村地区空气（轻离子占优势，凝结核很少）相比以重离子占优势。重离子占的部分越大，能见度就越低，反之则越好。

不同类型地区的凝结核的含量不同。大城市空气中凝结核最多；雨前和降雨时比雨后多。暴雨时核量急剧下降。久雨天气核量不大，空气污染适中。在刮风时，城市空气烟尘含量减少，但下风方向含量增加。在明朗的夏天，因对流大，含核量有很大变化。夏天从18时开始，因风力减弱，市内交通流量增多以及回流影响（气团下降，污染空气从上部返回原来位置），凝结核浓度增加。

（3）微尘的垂直分布近地面的空气层含尘量达最大值，则离开空气层往上，微尘急剧下降。

在冬季，城市上空的烟雾降至很低，但厚度可达2000m，因此烟雾可飘移到离城市很远的地方去。

2. 细菌

因细菌是凝结的核心，因此不仅属公共卫生范围，与气象学也有关。

细菌最小量在冬天，最大量在夏天。从总体上看，城市细菌量均远高于农村地区。这是城市空气的另一特点。通常，从7~19时细菌量由少到多。

（三）城市空气的气体成分

城市空气中除含一般干洁空气（一定比例的氮、氧、氩、二氧化碳和臭氧、氦、氖、氢、氨等）外，还有其他污染物，它们可能呈气态、雾态、液态（高浓度的盐或酸雨滴）或固态。其中有害气体主要来源于工业、汽车发动机的尾气和居民的供热系统。主要含有二氧化硫、氟化氢、氯气、氯化氢、臭氧、二氧化氮、乙醛、过氧酰基硝酸酯、一氧化碳、二氧化碳等。超过一定浓度的有害气体和悬浮微粒（以致细菌）改变了城市空气的性质，不仅影响城市气候的形成且对人体和树木有害。

（四）城市雾障

由于城市空气中的微尘、煤烟微粒及各种有害气体，它们的数量决定烟雾的厚度、高度和浑浊度，从远处看城市，其上空被灰黑色雾障所笼罩。这种雾障只有在大风时有可能吹散和在大雨后暂时变得稀薄些。冬天城市上空烟雾降得很低，使大气能见度降低更甚。

（五）城市气候的特点

高度密集的人口，在一个有限地区进行生产和生活的结果，导致集中的能量放出大量的热。城市雾障虽减弱了太阳辐射，但并未减少城市的热量。城市下垫面的热容量大，蓄热较多。雾障反而使城市下垫面吸收累积和反射的热量以及生产、生活能源释放的热量不易得到扩散。这是城市产生“热岛”效应和减少了昼夜温差的主要原因。此外，城市有建筑物的交叉辐射，阻碍风的吹入，两个表面（屋面与路面）的存在，虽减少了深处的太阳辐射传播，但能较多地吸收热量，在日落后仍继续增温。尤其夏日傍晚，天气由晴转阴时和夜间更显得闷热。城市所降的雨，大部分从下水道排走，蒸发量大，湿度小，使城市非雨季的夏日显得燥热。冬、春季较温暖，树木物候较早。

由于城市下垫面的固定因素和能源集中，因雾障而使热量不易扩散，形成的城市气候有以下特点：①气温较高；②空气湿度低并多雾；③云多、降雨多；④形成城市风；⑤太阳辐射强度减弱；⑥日照持续时间减少。

二、城市的水和土壤

（一）城市水系与水体污染

1. 城市水系

在城市规划和修建中，多利用自然水体；许多城市沿河、湖建设。城市的有些部分（市中心、休疗养场所、工业区）常趋向建在水体附近，主要街道也常沿水体建设。缺少自然水体的城市，多建水库，挖人工运河或挖湖蓄水。城市水系对城市湿度、温度及土壤均有相当的影响。

2. 水体污染

污染物进入水中，其含量超过水的自净能力时，引起水质变坏，用途受到影响，称为水体污染。水体污染，有的可以从水色、气味、清澈度、某些生物的减少或死亡等现象来判断，也能从另一些生物的出现或骤增上直观地判断，而有的需借助于仪器观测分析才能判断分析。

水体污染源大致有工矿废水、农药和生活污水等三大方面。这些废污水中污染物质很多，包括：①有毒物质，如：镉、铜、铅、铬、汞、砷等重金属离子，氰化物、有机磷、有机氯、游离氯、酚、氨等；②油类物质；③发酵性的有机物消耗浓氧并分解出甲烷等腐臭气体和亚硫酸盐、硫化物等；④酸、碱、盐类无机物；⑤“富营养化”污染：肉类加工、炼油等工业废水、生活污水、化肥等，使藻类大量繁殖，消耗氧气，从而影响鱼类生存；⑥热污染：工厂冷却水；⑦含色、臭味的废水；⑧病原微生物污水（医院及生物制品、屠宰等废水、生活污水）；⑨放射性物质（原子能工业、同位素应用产生之污水）等。当以上物质超过一定的临界浓度即会引起水体污染。水污染物随水流运送到远处，有些也能随蒸发被风带入大气。

污染水可直接毒害动植物和人，或积累在动植物体中，经食物链危害人体健康。也可流入土壤，改变土壤结构，影响植物生长，转而影响到人、畜。有些污水流经一定距离后，在某些微生物的转化下而自净或经水生植物的吸收富集、或分解和转化毒物而净化。有些经处理过的污水在不超出土壤及作物自净能力的原则下，可用于灌溉。

（二）城市土壤与污染

1. 城市的土壤变化

城市建设和人的生产、生活活动改变了原有土壤。因市政工程施工需挖方、填方，造成土壤养分差别。因碾压、夯实、铺装路面以及行人踩踏等，影响土壤通气。地下管道（热力、煤气）供热和漏气影响土温和土壤空气成分。由于现代化生产和生活需大量用水和城市下垫面多铺装，使雨水渗入不多，而使城市地下水呈漏斗形下降，有的造成地面沉降，有的因城市排水系统不佳，暴雨之后，部分地区造成水淹。由于建筑施工形成建筑垃圾（灰沙残渣、木片、弯钉断铁、碎玻璃以及各种废物），如果管理不合理，旧坑填埋不清理，会给以后绿化造成困难。新建的城区，仅土壤表层受影响较大，中、下层一般为原农田土，对树木生长有利。

2. 土壤污染

城市的现代工业发展和能源种类造成的污染沉降物和有毒气体，随雨水进入土壤。当土壤中的有害物含量超过土壤的自净能力时，则会发生土壤污染。大气污染的沉降物（或随降水）、污染水、残留量高且残留期长的化学农药、特异性除芬剂、重金属元素以及放射性物质等都会造成土壤污染。

土壤中有些有毒物质（如砷、镉、过量的铜和锌）能直接影响植物生长和发育或在体内积累。碱性粉尘（如：水泥粉尘）能使土壤碱化，使植物吸水和养分变得困难或引起缺绿症。

土壤污染后，破坏了土中微生物系统的自然生态平衡，还会引起病菌的大量繁衍和传播，造成疾病蔓延。土壤被长期污染，结构破坏，土质变坏，土壤微生物活动受抑制或破坏，肥力渐降或盐碱化，甚至成为不能生长植物的不毛之地。

有些污染物（特别是氟化物、重金属污染物）被土壤吸收积累，不仅直接影响植物生长发育，并在体内积累经食物链危害人畜。

土壤污染的显著特点是具有持续性，而往往难以采取大规模的消除措施。以上是城市环境的一般情况，具体到每个城市还应考虑城市性质及其自然条件等特点。

3. 土壤透气性与紧实度

（1）土壤透气性　城市街道及游览区的游人集中地和川流地，土壤因踩踏或铺装，尤其造成地表坚实，不利或隔绝土中气体与大气间的交换造成缺氧，影响根系生长使土壤营养变劣。表面无铺装的土壤通气比有铺装的稍好，雨水又可渗入。铺装又因材料和接合方式不同，影响程度不同。以空心砖为最好，有利于透气，能吸水，有保持地表温度稳定等优点，唯一缺点不耐磨损。水泥预制块或者花岗岩铺装，不通气、不渗水、地表温差大，常引起树木早衰。

（2）土壤坚实度　由于人流践踏，尤其是市政施工的碾压等造成坚实度很高的土壤栽植几年后，影响树木根系向穴外穿透与生长，造成树木早衰，变为“小老树”，甚至死亡。一条行道树带，在苗圃多年培育过程中经多次分级，定植时的大小差别不大。坑穴规格相同，管理相同，但多年后就会出现分化，表现为不整齐。这是由于穴外土壤坚实度的差异所引起的。如在分车带中种植根系需氧性较高的油松和白皮松，依树池的宽窄决定维持正常生长的年限，如不及时采取措施，就可能提早衰亡。

（3）土壤含盐碱量　土壤盐碱化程度高，导致树木生长不良与死亡。

（4）挖方与填方　由于市政建设需将某些土岗等堆平，造成挖方未熟化的土壤，影响树木生长。这样的地段在新植树时，应单独划出。选用耐瘠薄树种和配合相应的改土和养护措施。填方，要看具体填的是什么土。填入表土，对树木生长有利；如果填的是其他土（如：挖人防、地下铁道、城市建筑或生活垃圾）对生长可能就有不利影响，应具体分析。

三、建筑方位和组合

城市中由于建筑的大量存在，形成特有的小气候。对以光为主导的诸因子起重新分配作用；其作用大小以建筑物大小、高低而异。建筑物能影响空气流通，但具体有迎风、挡风、穿堂风之分。其生态条件因建筑方位和组合而不同。现以单体建筑各方位分析如下：

单体建筑由于建筑物的存在，形成东、西、南、北4个垂直方位和屋顶。在北回归线以北地区绝大多数坐北朝南的方形建筑，4个垂直方位改变了以光照为主的生态条件。这4个方位与山地不同坡向既相似又有不同。主要是下垫面为呈垂直角的2个砖砌或水泥面，反射光显著，局部地段光随季节和日变化较大。

（1）东面　一天有数小时光照，约15时后即成为荫地，光照强度不大，不会有过量的情况，比较柔和，适合一般树木生长。

（2）南面　白天全天几乎都有直射光，反射光也多，墙面辐射热也大，加上背风，空气不甚流通，温度高，生长季延长。春季物候时，冬季楼前土壤冻结晚，早春化冻早，形成特殊小气候，适于喜光和暖地的边缘树种。

（3）西面　与东面相反，上午以前为庇荫地，下午形成西晒，尤以夏日为甚。光照时间虽短，但强度大，变化剧烈。西晒墙吸收累积热多，空气湿度小。适选耐燥热、不怕日灼的树木。

（4）北面　背阴，其范围随纬度、太阳高度角而变化。以漫射光为主；夏日午后傍晚有少量直射光。温度较低，相对湿度较大，风大，冬冷，北方易积雪，土壤冻结期长。适选耐寒，耐阴树种。

单体建筑因地区和习惯，朝向不同、高矮不同、建筑材料色泽不同以及周围环境不同，生态条件也有变化。一般建筑愈高，对周围的影响愈大。

城市建筑群的组合形式多样，有行列式的，有四合院式的等。由于组合方式、高矮的不同，对不同方位的生态条件有一定影响。如：四合院式，可使向阳处更温暖；大型住宅楼，多按同向并呈行列式设置，如果与当地主风相一致或近于平行，楼间的风势多有加强。尤其是南北走向的街道，由于两侧列式建筑形成长长的通道，使“穿堂风”更大。东西走向的街道，建筑愈高，楼北阴影区就愈大；冬季寒冷的北方地区，带状阴影区更阴冷或长期积有冰雪，甚至影响到两边行道树，应选用不同的树种。

四、空气污染区

一个城市或多或少都有污染。但对树木影响较显著的主要集中在有严重污染源的附近区域。其区域大小决定严重污染源的多少、气体扩散性质。以一个工厂排放污染毒气而论，可能是单一的，也可能复合污染（尤其是合成化工厂）。所以要了解工厂生产的工艺流程，排放有害气体的种类与性质，排放特点（阵发性及其次数、持续性），应定期测定污染源不同方位、不同距离以及不同地形或地物影响下的地段，有害气体种类与浓度，以及水、土污染状况。尤其应以当地的风向（主风、季节风）确定污染影响范围（往往影响到厂外）。访问建厂前后不同地段植物种类与演变和现有树木等的生长状况及受害状态、方位、症状、程度，以便分别选用（或先做现场试验）抗耐性较强的树种。

城市环境较自然环境更为复杂，除较空旷处主要考虑土壤条件外，多需从地上环境（地物及其形成的小气候）和地下环境（包括管道等）两方面来加以分析。两方面对树木的影响都较大时（如：街道环境，尤其是土壤与大气都有严重污染的地段），除选择适合地上环境的树种外，往往只能采取改土的办法。

综上所述，城市的栽植环境是极其多样复杂的，既有自然形成的，又有人工造成或受干扰影响的。对重点地区，需进行精细的种植设计，在按主导因子划分立地类型时，更应注意局部小环境（如小地形、小气候等）的影响来考虑树种的选择和栽培养护管理措施。

第三章　园林绿化植物栽植

第一节　栽植的概念

栽植是园林栽种植株的一种作业。但一般狭义地理解为“种植”而已。实际上，广义的栽植应包括“起（掘）苗”“搬运”“种植”这样3个基本环节的作业。将植株从土中连根（裸根或带土团并包装）起出，称为“起（掘）苗”。“搬运”是指将植株用一定的交通工具（人力或机械、车辆等）运至指定地点。“种植”是指将被移来的植株按要求栽种于新地的操作。在栽植的全过程中，仅是临时埋栽性质的种植称之为“假植”。如在晚秋，苗圃为了腾出土地进行整地作业或为防寒越冬便于管理，将苗木掘起，集中和斜向全埋或仅埋根部于沟中，待春暖时再起出进行正式栽植。另外在栽植时，由于苗的数量很大，一时栽不完，为保护根系不被风吹日晒，临时培润土于根部实行保护，也称为假植。若在种植成活以后还需移动者，那么这次作业称为“移植”。园林所用苗木规格较大，为使吸收根集中在所掘范围内，有利成活和恢复，根据树种特性，在苗圃中往往需要间隔一至数年移植一次。植株若在种植之后直至砍伐或死亡不再移动者，那么这次种植称之为“定植”。

第二节　栽植成活的原理

在未移之前，一株正常生长的树木，在一定的环境条件下，其地上部与地下部，存在着一定比例的平衡关系。尤其是根系与土壤的密切结合，使树体的养分和水分代谢的平衡得以维持。植株一经挖（掘）起，大量的吸收根常因此而损失，并且（裸根苗）全部或（带土球苗）部分脱离了原有协调的土壤环境，易受风吹日晒和搬运损伤等影响，根系与地上部以水分代谢为主的平衡关系，或多或少地遭到了破坏。植株本身虽有关闭气孔等减少蒸腾的自动调节能力，但此时作用有限。根损伤后，在适宜的条件下，都具有一定的再生能力，但发生大量的新根需经一定的时间，才能真正恢复新的平衡。可见，如何使树在移植过程中少伤根系和少受风干失水，并促使迅速发生新根与新的环境建立起良好的联系是最为重要的。在此过程中，常需减少树冠的枝叶量，并有充足的水分供应或有较高的空气湿度条件，才能暂时维持较低水平的这种平衡。总之在栽植过程中，如何维持和恢复树体以水分代谢为主的平衡是栽植成活的关键，否则就有死亡的危险。而这种平衡关系的维持与恢复，除与“起掘”“搬运”“种植”“栽后管理”这四个主要环节的技术直接有关外，还与影响生根和蒸腾的内外因素有关。具体与树种根系的再生能力、苗木质量、年龄、栽植季节都有密切关系。

第三节　栽植季节

植树的季节应选在适合根系再生和枝叶蒸腾量最小的时期。对大部分树种来说，以秋栽或春栽为宜。秋栽是指地上部进入休眠，根系仍能生长的时期；春栽是指气温回升土壤刚解冻，根系已能开始生长，而枝芽尚未萌发之时。树木在这两个时期内，因树体贮藏营养丰富，土温适合根系生长，而气温较低，地上部还未生长，蒸腾较少，容易保持和恢复以水分代谢为主的平衡。至于春栽好还是秋栽好，各国学者历来有许多争论，但从生产实践来看，因各地具体条件不同，不可拘泥于一说。大致上，冬季寒冷地区和在当地不甚耐寒的树种宜春栽；冬季较温暖和在当地耐寒的树种宜秋栽。冬季，从植株地上部蒸腾量少这一点来说，也是可以移栽的，但要看树种（尤其是根系）的抗寒能力如何，只有在当地抗寒性很强的树种才行。在土壤冻结较深的地区，可用“冻土球移植法”（参见大树移植）。夏季由于气温高，植株生命活动旺盛，一般是不适合移植的。至于具体到一个工程项目植树季节应根据气候特点、树种类别和任务大小以及技术力量（劳力、机械条件等）而定。

酒泉地区因纬度较高，冬季严寒，故以春栽为好，成活率较高，可免防寒之劳。春栽的时期，土壤刚化冻，应尽早栽植为佳，约于4月上旬至4月下旬（清明至谷雨）前后。在一年中当植树任务量较大时，亦可秋栽，以树木落叶后至土壤未封冻前行之，时期约在9月下旬至10月下旬左右。但其成活率较春栽为低，又需防寒，费工费料。另外对耐寒力极强的树种，可利用冬季进行“冻土球移植法”，可省包装（参见大树移植）。

第四节　栽植技术

一、栽植过程各环节的关系

绝大多数树木的移植，从掘（起）苗和运输、定植、至栽后管理这四大环节过程中，必须进行周密的保护和及时处理，才能保持被移树木不致失水过多。移栽过程除长距离运输苗木外，一般时间也不会很长，与树木一生来比是短暂的。但移植如同人动了一次大手术一样，只要有一个环节马虎，就可能造成树木的死亡或降低树木的抵抗力，影响园林绿化功能的发挥。因此，首先必须提高操作人员对移植过程各环节重要性的认识。事实上，正确的移植，除懂得科学道理之外，就是认真细致地操作，而责任心是很重要的。

移栽的四个环节，应密切配合，尽量缩短时间，最好是随起、随运、随栽和及时管理形成流水作业。应按操作规程所规定的范围起苗，不使伤根过多；大根尽量减少劈裂，对已劈裂的，应进行适当修剪补救。除肉质根树木，如牡丹等，含水多，易脆断不易愈合，应适当防晒外，对绝大多数树种来说，起苗后至定植前，最重要的是保持根部湿润，不受风吹日晒。对长途运输的，应采取根部保湿措施（如用薄膜套袋、沾泥浆并填加湿草包装保湿，以免泥浆污垢影响根呼吸，栽前还应浸水等）。对常绿树为防枝叶蒸腾水分，可喷蒸腾抑制剂和适当疏剪枝、叶。

二、栽植施工技术的采用

多数落叶树比常绿树较容易移栽成活，但具体不同树种对移植的反应亦很不相同。有些树木根系受伤后的再生能力强，很容易移栽成活，如：杨、柳、榆、槐、银杏、紫穗槐等，比较难移的有苹果、云杉等，最难移的有木兰类、山楂和某些常青树、桧柏等。

如前所述，同种不同年龄的树木，幼龄期容易移活，壮老龄树不易移活。因此绿化施工时，应根据不同类别和具体树种、年龄采取不同的技术措施。容易移植的施工可适当简单些，一般都用裸根移植，包装运输也较简便。而多数常绿树和壮老龄树以及某些移植难活的落叶树，必须采用带土球移植法。对有些多年未曾移植过的大苗、大树、野生树及山野桩景树，为提高成活率，还需提前2~3年于春季萌芽前进行“断根缩坨”处理（参见大树移植）。

三、栽植前的准备

植树工作量因计划完成任务的大小而异。较大的植树任务常按完成一项工程来对待。在栽植工程实施之前，必须做好一切准备工作。

（一）了解设计意图与工程概况

首先应了解设计意图。向设计人员了解设计思想，所达预想目的或意境，以及施工完成后近期所要达到的效果。通过设计单位和工程主管部门了解工程概况，包括：①植树与其他有关工程（铺草坪、建花坛以及土方、道路、给排水、山石、园林设施等）的范围和工程量；②施工期限（始、竣日期，其中栽植工程必须保证不同类别树木于当地最适栽植期间进行）；③工程投资（设计预算、工程主管部门批准投资数）；④施工现场的地上（地物及处理要求）与地下（管线和电缆分布与走向）情况与定点放线的依据（以测定标高的水位基点和测定平面位置的导线点或和设计单位研究确定地上固定物作依据）；⑤工程材料来源和运输条件，尤其是苗木出圃地点、时间、质量和规格要求。

（二）现场踏勘与调查

在了解设计意图和工程概况之后，负责施工的主要人员（施工队、生产业务、计划统计、技术质量、后勤供应、财务会计、劳动人事等）必须亲自到现场进行细致的踏勘与调查。应了解：①各种地上物（如：房屋、原有树木、市政或农田设施等）的去留及需要保护的地物（如：古树名木等），需拆迁物如何办理有关手续与处理办法；②现场内外交通、水源、电源情况（如：能否施用机械车辆，无条件的，如何开辟新线路）；③施工期间生活设施（如：食堂、厕所、宿舍等）的安排；④施工地段的土壤调查，以确定是否换土，估算客土量及其来源等。

（三）编制施工方案

园林工程属于综合性工程，为保证各项施工项目的相互合理衔接，互不干扰，做到多、快、好、省地完成施工任务，实现设计意图和日后维修与养护，在施工前都必须制定好施工方案。大型的园林施工方案比较复杂，需精心安排，因而也叫“施工组织设计”，由经验丰富的人员负责编写，其内容包括：①工程概况（名称、地点、参加施工单位、设计意图与工程意义、工程内容与特点、有利和不利条件）；②施工进度（分单项与总进度、规定起、止日期）；③施工方法（机械、人工、主要环节）；④施工现场平面布置（交通线路、材料存放、囤苗处、水、电源、放线基点、生活区等位置）；⑤施工组织机构（单位、负责人、设立生产、技术指挥、劳动工资、后勤供应、政工、安全、质量检验等职能部门以及制定完成任务的措施、思想动员、技术培训等），对进度、机械车辆、工具材料、苗木计划常绘图表示之；⑥依据设计预算，结合工程实际质量要求和当时市场价格制定施工预算。方案制定后经广泛征求意见，反复修改，报批后执行。

合理的园林施工程序应是：征收土地——拆迁——整理地形水管线——修建园林建筑——广场、铺装、道路——大树移植——种植树木——铺装草坪——布置花坛。其中栽植工程与土建、市政等工程相比，有更强的季节性。应首先保证不同树木移栽定植的最适期，以此方案为重点来安排总进度和其他各项计划。

对植树工程的主要技术项目，要规定技术措施和质量要求实施。

（四）施工现场清理

对栽植工程的现场，要先拆迁和清理有碍施工的障碍物，然后按设计图纸进行地形整理。

（五）选苗

关于栽植树种的苗龄与规格，应根据设计图纸和说明书的要求进行选定并加以编号。由于苗木的质量好坏直接影响栽植成活率和以后的绿化效果，所以植树施工前必须对可提供的苗木质量状况进行调查了解。

1. 苗木质量

园林绿化苗木移植前根据是否经过移植而分为原生苗（实生苗）和移植苗。播后多年未移植过的苗木（或野生苗）吸收根分布在所掘根系范围之外，移栽后难以成活，经过多次适当移植的苗木，栽植施工后成活率高、恢复快，绿化效果好。

高质量的园林苗木应具备以下条件：

（1）根系发达而完整，主根短直，接近根颈一定范围内要有较多的侧根和须根，起苗后大根系应无劈裂。

（2）苗干粗壮通直（藤本除外），有一定的适合高度，没有徒长。

（3）主、侧枝分布均匀，能构成完美树冠，枝条丰满。其中：常绿针叶树，下部枝叶不枯落成裸干状；干性强并无潜伏芽的某些针叶树（如某些松类等），中央领导枝要有较强优势，侧芽发育饱满，顶芽占有优势。

（4）无病虫害和机械损伤。园林绿化用苗，应以经多次移植的大规格苗木为宜。由于经几次移苗断根，再生后所形成的根系较紧凑丰满，移栽容易成活。一般不宜用未经移植过的实生苗和野生苗，因其吸收根系远离根颈，较粗的长根多，掘苗损伤了较多的吸收根，因此难以成活；需经1~2次“断根缩坨”处理或移至圃地培养才能应用。生长健壮的苗木，有利栽植成活和具有适应新环境的能力；供氮肥和水过多的苗木，地上部徒长，根茎比值大，也不利移栽成活和日后的适应。

2. 苗（树）龄与规格

树木的年龄对移植成活率的高低有很大影响，并与成活后对新栽植地的适应和抗逆能力有关。幼龄苗，株体较小，根系分布范围小，起掘时根系损伤率低，移植过程（起掘、运输和栽植）也较简便，并可节约施工费用。由于保留须根较多，起掘过程对树体地下部与地上部的平衡破坏较小。栽后受伤根系再生力强，恢复期短，故成活率高。地上部枝干经修剪留下的枝芽也容易恢复生长。幼龄苗整体上营养生长旺盛，对栽植地环境的适应能力较强。但由于株体小，也就容易遭受人畜的损伤，尤其在城市条件下，更易受到外界损伤，甚至造成死亡而缺株，影响日后的景观。幼龄苗如果植株规格较小，绿化效果发挥亦较差。

壮老龄树木，根系分布深广，吸收根远离树干，起掘伤根率高，故移栽成活率低。为提高移栽成活率，对起、运、栽及养护技术要求较高，必须带土球移植，施工养护费用高。但壮老龄树木树体高大、姿形优美，移植成活后能很快发挥绿化效果，重点工程在有特殊需要时，可以适当选用。但必须采取大树移植的特殊措施。

根据城市绿化的需要和环境条件特点，一般绿化工程多需用较大规格的幼中龄苗木，移栽较易成活，绿化效果发挥也较快。为提高成活率，尤宜选用在苗圃经多次移植的大苗。园林植树工程选用的苗木规格，落叶乔木最小选用胸径3cm，行道树和人流活动频繁之处还宜更大些，常绿乔木最小应选树高1. 5m的苗木。

四、栽植的程序与技术

树木的栽植程序大致包括放线、定点、挖穴、换土、掘（起）苗、包装、运苗与假植、修剪与栽植、栽后养护与现场清理。

（一）放线定点

根据图纸上的种植设计，按比例放样于地面，确定各树木的种植点。种植设计有规则式和自然式之分。规则式种植的定点放线比较简单，可以地面固定设施为准来定点放线，要求做到横平竖直，整齐美观。其中行道树可按道路设计断面图和中心线定点放线；道路已铺成的可依据路牙距离定出行位，再按设计确定株距，用白灰点标出来。为有利栽植行保持笔直，可每隔10株于株距间钉一木桩作为行位控制标记。如遇与设计不符（有地下管线、地物障碍等）时，应找设计人员和有关部门协商解决。定点后应由设计人员验点。

自然式的种植设计（多见于公园绿地），如果范围较小，场内有与设计图上相符、位置固定的地物（如建筑物等），可用“交会法”定出种植点。即由两个地物或建筑平面边上的两个点的位置，各到种植点的距离以直线相交会来定出种植点。如果在地势平坦的较大范围内定点，可用网格法。即按比例绘在设计图上并在场地上丈量划出等距之方格。从设计图上量出种植点到方格纵横坐标距离，按比例放大到地面，即可定出。对测量基点准确的较大范围的绿地，可用测绘仪器定点。

定点要求：对孤赏树、列植树，应定出单株种植位置，并用白灰点明和钉上木桩，写明树种、挖穴规格；对树丛和自然式片林定点时，依图按比例先测出其范围，并用白灰标画出范围线圈。其内，除主景树需精确定点并标明外，其他次要同种树可用目测定点，但要注意自然，切忌呆板、平直。可统一写明树种、株数、挖穴规格等。

（二）挖穴（刨坑）

栽植坑（穴）位置确定之后，即可根据树种根系特点（或土球大小）、土壤情况来决定挖坑（穴或绿篱沟）的规格。一般应比规定根幅范围或土球大，约应加宽放大40~100cm，加深20~40cm。穴挖得好坏，对栽植质量和日后的生长发育有很大影响，因此对挖穴规格必须严格要求。以规定的穴径画圆，沿圆边向下挖掘，把表土与底土按统一规定分别放置（挖行道树穴时，土不要堆在行中），并不断修直穴壁达规定深度。使穴保持上口沿与底边垂直，大小一致。切忌挖成上大下小的锥形或锅底形，否则栽植踩实时会使根系劈裂、卷曲或上翘，造成不舒展而影响树木生长（图3–1）。

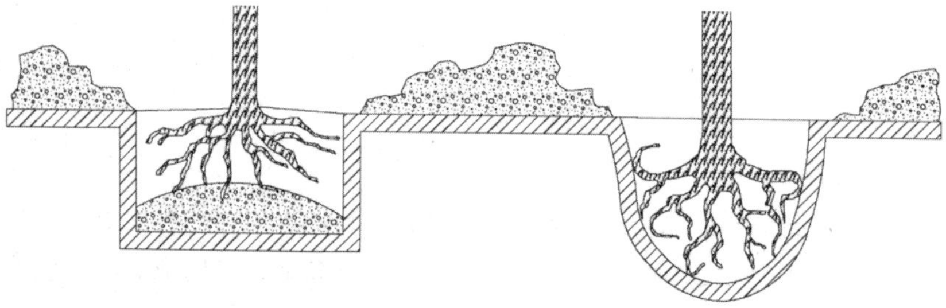

图3–1　穴、树关系

1. 正确的树穴和树木种植（树穴上下一样，保持根系舒展，树木种植深浅适当）。

2. 不正确的树穴（树穴锅底式，根系卷曲）遇坚实之土和建筑垃圾土应再加大穴径，并挖松穴底，土质不好的应过筛或全部换土。在黏重土上和建筑道路附近挖穴，可挖成下部略宽大的梯形穴；在未经自然沉降的新填平地和新堆土山上挖穴，应先在穴点附近适当夯实，挖好后穴底也应适当踩实，以防栽后灌水土塌树斜（最好应经自然沉降后再种）；在斜坡上挖穴，深度以坡的下沿一边为准。施工人员挖穴时，如发现电缆、管道时，应停止操作，及时找设计人员与有关部门配合商讨解决。坑穴挖好后，要有专人按规格验收，不合格的应返工。

（三）起掘苗木

起出的苗木质量与原有苗木状况、操作技术和认真程度、土壤干湿、工具锋利与否等有直接关系，拙劣的技术和马虎的态度会严重降低原有苗木的质量，甚至需继续留圃培养或报废。因此，在起掘前应做好有关准备工作，起掘时按操作规程认真进行，起掘后做适当处理和保护。

1. 掘前准备

按设计要求到苗圃选择合用的苗木，并作出标记，习称“号苗”。所选数量应略多，以便补充损坏淘汰之苗。对枝条分布较低的常绿针叶树或冠丛较大的灌木、带刺灌木等，应先用草绳将树冠适度捆拢，以便操作。为有利挖掘操作和少伤根系，圃地过湿的应提前开沟排水，过于干燥的应提前数天灌水。对生长情况不明的苗木，应选几株进行试掘，以便决定采取相应措施。起苗还应准备好锋利的起苗工具和包装运输所需的材料。

2. 起苗方法与质量要求

按所起苗木带土与否，分为裸根起苗和带土球起苗，其方法与质量要求各有不同。

（1）裸根苗的挖掘　落叶乔木以干为圆心，按胸径的4~6倍为半径（灌木按株高的1/3为半径定根幅）画圆，于圆外（用铁锹更应如此）绕树起苗，垂直挖下至一定深度，切断侧根。然后于一侧向内深挖，适当按摇树干，探找深层粗根的方位，并将其切断。如遇难以切断之粗根，应把四周土掏空后，用手锯断。切忌强按树干和硬切粗根，造成根系劈裂。根系全部切断后，放倒苗木，轻轻拍打外围土块，对已劈裂之根应进行修剪。如不能及时运走，应在原穴用湿土将根覆盖好，行短期假植；如较长时间不能运走，应集中假植；干旱季节还应设法保持覆土的湿度。

（2）带土球起苗　多用于常绿树，以干为圆心，以干的周长为半径画圆，确定土球大小。具体操作见“大树移植”部分。土球直径在30cm以下，土质不松散的苗，可抱出穴外，放入蒲包、草袋（或塑料布）中，于苗干基部处收紧，用草绳呈纵向捆绕扎紧即可。

（四）运苗与施工地假植

运苗过程常易引起苗木根系吹干和磨损枝干、根皮。因此应注意保护，尤其在长途运苗时更应注意保护。

1. 运苗

同时有大量苗木出圃时，在装运前，应核对苗木的种类与规格。此外还需仔细检查起掘后的苗木质量。对已损伤不合要求的苗木应淘汰，并补足苗数。车厢内应先垫上草袋等物，以防车板磨损苗木。乔木苗装车应根系向前，树梢向后，按顺序放，不要压得太紧，做到上不超高（以地面车轮到苗最高处不许超过4m），梢不得拖地（必要时可垫蒲包用绳吊拢），根部应用苫布盖严，并用绳捆好。

带土球苗装运时，苗高不足2m者可立放；苗高2m以上的应使土球在前，梢向后，呈斜放或平放，并用木架将树冠架稳。土球直径＜20cm的，可装2~3层，并应装紧，防车开时晃动；土球直径＞20cm者，只许放1层。运苗时，土球上不许站人和压放重物。

树苗应有专人跟车押运，经常注意苫布是否被风吹开。短途运苗，中途最好不停留；长途运苗，裸露根系易吹干，应注意洒水。休息时车应停在阴凉处。苗木运到应及时卸车，要求轻拿轻放，对裸根苗不应抽取，更不许整车推下。经长途运输的裸根苗木，根系较干者，应浸水1~2d。带土球小苗应抱球轻放，不应提拉树干。较大土球苗，可用长而厚的木板斜搭于车厢，将土球移到板上，顺势慢滑卸下，不能滚卸，以免散球。

2. 施工地假植

苗木运到现场后，未能及时栽种或未栽完的，应视离栽种时间长短分别采取“假植”措施。

对裸根苗，临时放置可用和苫布或草袋盖好。干旱多风地区应在栽植地附近挖浅沟，将苗呈稍斜放置，挖土埋根，依次一排排假植好。如需较长时间假植，应选不影响施工的附近地点挖一宽1. 5~2m，深30~50cm，长度视需要而定的假植沟。按树种或品种分别集中假植，并做好标记。树梢须顺应当地风向，斜放一排苗木于沟中，然后覆细土于根部，依次一层层假植好。在此期间，土壤过干应适量浇水，但也不可过湿以免影响日后的操作。

带土球苗1~2d内能栽完的不必假植；1~2d内栽不完的，应集中放好，四周培土，树冠用绳拢好。如囤放时间较长，土球间隙中也应加细土培好。假植期间对常绿树应进行叶面喷水。

（五）栽植修剪园林树

栽植修剪的目的，主要是为了提高成活率和注意培养树形，同时减少自然伤害。因此，在不影响树形美观的前提下，应对树冠进行适当重剪。

无论出圃时对苗木是否进行过修剪，栽植时都必须修剪。因经运输多少有损伤，对已劈裂、严重磨损和生长不正常的偏根及过长根进行修剪。起、运后苗木根系的好坏，不仅直接影响成活，而且也影响将来的树形和同龄苗日后的大小是否趋于一致，尤其会影响行道树大小的整齐程度。经起、运的苗木，根系损伤过多者，虽可用重修剪，甚至截干平茬，在低水平下维持水分代谢的平衡来保证成活，但这样就难以保证树形和绿化效果了。因此对这种苗木，如在设计上有树形要求时，则应予以淘汰。苗木根系经起、运都会受到损伤，因保证栽植成活是首要目的，所以在整体上应适当重剪，这是带有补救性的整形任务。具体应根据情况，对不同部分进行轻重结合修剪，才能达到上述目的。对干性强又必须保留中干优势的树种，采用削枝保干的修剪法。应对领导枝截于饱满芽处，可适当长留，要控制竞争枝；对主枝适当重截饱满芽处（约剪短1/3~1/2）；对其他侧生枝条可重截（约剪短1/2~2/3）或疏除。这样既可做到保证成活，又可保证日后形成具明显中干的树形。对无中干的树种，按上述类似办法，以保持数个主枝优势为主，适当保留二级枝，重截或疏去小侧枝。对萌芽率强的可重截，反之宜轻截。对灌木类修剪可较重，尤其是丛木类，做到中高外低，内疏外密。带土球苗可轻剪，其中常绿树可用疏枝、剪半叶或疏去部分叶片的办法来减少蒸腾，对其中具潜伏芽的，也可适当短截；对无潜伏芽的（如某些松树），只能用疏枝、叶的办法。对行道树的修剪还应注意分枝点，应保持在2. 5m以上，相邻树的分枝点要相近。较高的树冠应于种植前行修剪，低矮树可栽后修剪。

有关修剪的其他方法，参见整形修剪有关内容。

（六）种植

种植树木，以阴而无风天最佳，晴天在11~15时以后进行种植为好。先检查树穴，土有塌落的坑穴应适当清理。

1. 配苗或散苗

对行道树和绿篱苗，栽前应再进一步按大小进行分级，以使所配相邻近的苗木保持栽后大小趋近一致。尤其是行道树，相邻同种苗的高度要求相差不过50cm，干径差不过1cm。按穴边木桩写明的树种配苗，做到“对号入座”。应边散边栽。对常绿树应把树形最好的一面朝向主要观赏面。树皮薄，干外露的孤植树，最好保持原来的阴阳面，以免引起日灼。配苗后还应及时按图核对，检查调整。

2. 栽种

因裸根苗和带土球苗而不同。

（1）裸根苗的栽种一般2人为1组，先填些表土于穴底，堆成小丘状，放苗入穴，比试根幅与穴的大小和深浅是否合适，并进行适当修理。行列式栽植，应每隔10~20株先栽好对齐用的“标杆树”。如有弯干之苗，应弯向行内，并与“标杆树”对齐，左右相差不超过树干的一半，这样才能整齐美观。具体栽植时，一人扶正苗木，一人先填入拍碎的湿润表层土，约达穴的1/2时，轻提苗，使根呈自然向下舒展。然后踩实（黏土不可重踩），继续填满穴后，再踩实一次，最后盖上一层土与地相平，使之填土与原根颈痕相平或略高3~5cm；灌木应与原根颈痕相平。然后用剩下的底土在穴外缘筑灌水堰。对密度较大的丛植地，可按片筑堰。

（2）带土球苗的栽种　先量好已挖坑穴的深度与土球高度是否一致，对坑穴做适当填挖调整后，再放苗入穴。在土球四周下部垫入少量的土，使树直立稳定，然后剪开包装材料，将不易腐烂的材料一律取出。为防栽后灌水时土塌树斜，填入表土至一半时，应用木棍将土球四周砸实，再填至满穴并砸实（注意不要弄碎土球），做好灌水堰，最后把捆拢树冠的草绳等解开取下。

3. 立支柱

对大规格苗（如行道树苗）为防灌水后土塌树歪，尤其在多风地区，会因摇动树根影响成活，故应立支柱。常用通直的木棍、竹竿作为支柱，长度视苗高而异，以能支撑树的1/3~1/2处即可。一般用长1. 7~2m，粗5~6cm的支柱。支柱应于种植时埋入。也可栽后打入（入土20~30cm），但应注意不要打在根上和损坏土球。立支柱的方式大致有单支式、双支式、三支式这3种。支法有立支和斜支，也有用10~14号铅丝缚于树干（皮外垫竹片防缴伤树皮），拉向三面钉桩的支法。

单柱斜支，应支于下风方向。斜支占地面积大，多用于人流稀少处。行道树多用立支法。支柱与树相捆缚处，既要捆紧又要防止日后摇动擦伤干皮。捆缚时树干与支柱间应用草绳隔开或用草绳卷干后再捆。

（七）栽后管理

树木栽后管理，包括灌水、封堰及其他。栽后应立即灌水。无雨天不要超过一昼夜就应浇上头遍水；干旱或多风地区应加紧连夜浇水。水一定要浇透，使土壤吸足水分，并有助根系与土壤密接，方保成活。北方干旱地区，在少雨季节植树，应间隔数日（约3~5d）连浇3遍水才行。浇水时应防止冲垮水堰，每次浇水渗入后，应将歪斜树苗扶直，并对塌陷处填实土壤。为保墒，最好覆一层细干土（或待表土稍干后行中耕）。第3遍水渗入之后，可将水堰铲去，将土堆于干基，稍高出原地面。北方干旱多风地区，秋植树木干基还应堆成30cm高的土堆，才有利防风、保墒和保护根系。

在土壤干燥灌水困难的地区，为节省水分可用“水植法”。即在树木入穴填土达一半时先灌足水，然后填满土并进行覆盖保墒。

树木封堰后应清理现场，做到整洁美观。设专人巡查，防止人畜破坏。对受伤枝条或原修剪不理想的进行复剪。

五、非适宜季节的移植技术

有时由于有特殊需要的临时任务或由于其他工程的影响，不能在适宜季节植树。这就需要采用突破植树季节的方法。其技术可按有无预先计划，分成两类。

（一）有预先移植计划的方法

预先可知由于其他工程影响不能及时种植，仍可于适合季节起掘好苗，并运到施工现场假植养护，等待其他工程完成后立即种植和养护。

1. 落叶树的移植

由于种植时间是在非适合的生长季，为提高成活率，应预先于早春未萌芽时行带土球掘（挖）好苗木，并适当重剪树冠。所带土球的大小规格可仍按一般规定或稍大，但包装要比一般的加厚、加密些。如果只能提供苗圃已在去年秋季掘起假植的裸根苗，应在此时另造土球（称做“假坨”），即在地上挖一个与根系大小相应的，上大下略小的圆形底穴，将蒲包等包装材料铺于穴内，将苗根放入，使根系舒展，干于正中。分层填入细润之土并夯实（注意不要砸伤根系），直至与地面相平。将包裹材料收拢于树干捆好。然后挖出假坨，再用草绳打包。为防暖天假植引起草包腐朽，还应装筐保护。选比球稍大、略高20~30cm的箩筐（常用竹丝、紫穗槐条和荆条所编）。苗木规格较大的应改用木箱（或桶）。先填些土于筐底，放土球于正中，四周分层填土并夯实，直至离筐沿还有10cm高时为止，并在筐边沿加土拍实作为灌水堰。同时在距施工现场较近，交通方便，有水源，地势较高，雨季不积水之地，按每双行为一组，每组间隔6~8m作为卡车道（每行内以当年生新梢互不相碰为株距），挖深为筐高1/3的假植穴。将装筐苗运来，按树种与品种、大小规格分类放入假植穴中。筐外培土至筐高1/2，并拍实，间隔数日连浇3次水，然后进入假植期间，适当施肥、浇水、防治病虫、适当疏枝、控徒长枝等。

待施工现场能够种植时，提前将筐外所培之土扒开，停止浇水，风干土筐，发现已腐朽的应用草绳捆缚加固。吊栽时，吊绳与筐间应垫块木板，以免勒散土培。入穴后，尽量取出包装物，填土夯实。经多次灌水或结合遮阴保其成活后，酌情进行追肥等养护。

2. 常绿树的移植

先于适宜季节将树苗带土球掘起包装好，提前运到施工地假植。先装入较大的箩筐中，土球直径超过1m的应改用木桶或木箱。按前述每双行间留车道和适合的株距放好，筐、箱外培土，进行养护待植。

（二）临时特需的移植技术

无预先计划，因临时特殊需要，在不适合季节移植树木。可按照不同类别树种采取不同措施。

1. 常绿树的移植

应选择春梢已停，两次梢未发的树种；起苗应带较大土球。对树冠行疏剪或摘掉部分叶片。做到随掘、随运、随栽，及时多次灌水，叶面经常喷水，晴热天气应结合遮阴。易日灼的地区，树干裸露者应用草绳进行卷干，入冬注意防寒。

2. 落叶树的移栽

最好也应选春梢已停长的树种，疏剪尚在生长的徒长枝以及花、果。对萌芽力强、生长快的乔、灌木可以行重剪，最好带土球移植。如行裸根移植，应尽量保留中心部位的心土。尽量缩短起（掘）、运、栽的时间，保湿护根。栽后要尽快促发新根；可灌溉配以一定浓度的（0. 001%）生长素。晴热天气，树冠枝叶应遮荫加喷水。易日灼地区应用草绳卷干。适当追肥，剥除蘖枝芽，应注意伤口防腐。应注意防寒。剪后晚发的枝条越冬性能差，当年冬应注意防寒。

第五节　大树移植

一、在园林绿化中的意义

根据城市环境特点和园林绿化的要求，多选用大规格的苗木。但有些树木的生命期限很长，即使选用较大规格的苗木，仍需经数十年甚至上百年的生长，才能发挥其最佳的绿化功能和艺术效果。树木与其他园林建设材料相比，可以说是一类不大定型的材料，虽有随树龄增加姿态不断变化，有丰富景色的一面，但有些树木的生命周期很长，达壮年期以后才能充分显示其树形特征，如果对树种在一生中的树形变化规律不是真正了解，选用的是幼、青年苗木，就很难保证达到预想的构图要求。树木到了壮年期其树形是比较稳定的。有些重点建筑工程，要求用特定的优美树姿相配合，这就只有采用大树移植的办法才能实现。另外移植大树绿化城市见效快，例如，为迎接中华人民共和国十周年庆典，在北京天安门广场人民英雄纪念碑、人民大会堂和历史博物馆的周围以及东西长安街，曾大规模移植干径20~30cm、高5~6m的油松等大树，配以其他花草树木，在短期内就改变了天安门广场一带的面貌。

二、大树移植的特点

就大树本身来说，在树木生命周期变化规律中已讲过。其根系正处在离心生长趋向或已达到最大根幅，而骨干根基部的吸收根多离心死亡，主要分布在树冠投影附近。而移植所带土球（块）不可能这么大，也就是说，在一般必须带土范围内吸收根是很少的。这就会使移植的大树严重失去以水分代谢为主的平衡。对于树冠，为使其尽早发挥绿化效果和保持原有优美姿态也多不进行过重修剪，因此只能在所带土球范围内用预先促发大量新根的办法为代谢平衡打基础，并配合其他移栽措施来确保成活。另外，大树移植与一般树苗相比，主要表现在被移的对象具有庞大的树体和相当大的重量。故往往需借助于一定的机械力量才能完成。

三、大树移植技术

大树移植成功与否，固然与起掘、吊运、栽植及日后养护技术有密切关系，但主要决定于所带土球（块）范围内吸收根的多少。

（一）大树的准备和处理

1. 做好规划与计划

为预先在所带土球（块）内促发多量吸收根，则需要提前一至数年采取措施，而是否能做到提前采取措施，又取决于是否有应用大树绿化的规划和计划。事实上，许多大树移植失败的原因，是由于事先没有准备好已采取过促根措施的备用大树，而是临时应急任务，直接从郊区、山野移植而造成的。可见做好规划与计划对大树的移植极为重要。

2. 选树

应对市郊等地可供移植的大树进行实地调查，包括树种、年龄时期、干高、干径、树高、冠径、树形，进行测量记录，注明最佳观赏面的方位，并摄影。调查记录土壤条件和周围情况，判断是否适合挖掘、包装、吊运，分析存在的问题和制订解决措施，此外，还应了解树的所有权等。选中的树木，应立卡编号，为设计提供资料。

3. 断根缩坨

也称回根法，习称盘根法。先根据树种习性、年龄和生长状况判断移栽成活的难易，决定分2~3年于东、西、南、北四面（或四周）一定范围之外开沟，每年只断周长的1/3~1/2（图3-2）。断根范围一般以干径的5倍（包括干径）画圆（或方）之外开一宽30~40cm，深50~70cm（视根的深浅而定）的沟。挖时最好只切断较细的根，保留1cm以上的粗根于土球壁处，行宽约10cm的环状剥皮。涂抹0. 001%的生长素（萘乙酸等）有利促发新根。填入表土，适当踏实至地平并灌水，为防风吹倒，应立三支式支架。

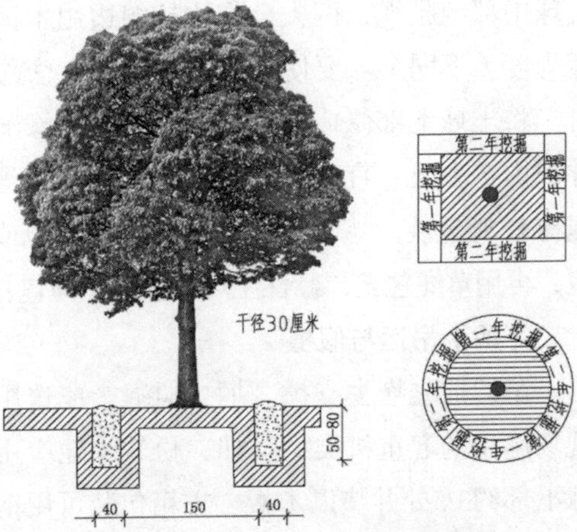

图3-2　大树断根缩坨法

（二）起掘前的准备工作

根据设计选中的树木，应实地复查是否仍符合原有状况，尤其树干有无蛀干害虫等，如有问题应另选他树代替。具体选定后，应按种植设计统一编号，并做好标记，以便栽时对号入座。土壤过干的应于掘前数日灌水。同时应有专人负责准备好所需用的工具、材料、机械及吊运车辆等。此外还应调查运输线路是否有障碍（如架空线高低、道路是否有施工等）并办理好通行证。

（三）起树包装

经提前2~3年完成断根缩坨后的大树，土坨内外发生了较多的新根，尤以坨外为多。因此在起掘移植时，所起土坨（球或块）的大小应比断根坨向外放宽10~20cm。为减轻土坨重量，应把表层土铲去（以见根为度，北方习称“起宝盖”）。其他起掘和包装技术，因以具体移植方法而异。

常用带土球软材包装，适于移胸径10~15cm的大树，（壤土）土球不超1. 3m时可用软材。为确保安全，应用支棍于树干分枝点以上支牢。以树干为圆心，以扩坨的尺寸为半径画圆，向外垂直挖掘宽60~80cm的沟（以便利于人体操作为度），直到规定深度（即土球高）为止。用铁锹将土球肩部修圆滑，四周表土自上而下修平至球高一半时，逐渐向内收缩（使底径约为上径的1/3）呈上大下略小的形状。深根性树种和沙壤土球应呈“红星苹果形”；浅根性和黏性土可呈扁球形。对粗根应行剪、锯，不要硬铲引起散坨。先将预先湿润过的草绳理顺（以免扭拉而断），于土球中部缠腰绳，两人合作边拉缠边用木锤（或砖、石）敲打草绳，使绳略嵌入土球为度（下同）。要使每圈草绳紧靠，总宽达土球高的1/4~1/3（约20cm）并系牢即可。将土球上部修成干基中心略高至边缘渐低的凸镜状。在土球底部向下挖一圈沟并向内铲去土，直至留下1/4~1/5的心土；遇粗根应掏空土后锯断。然后用蒲包、草绳等材料包装。壤土和沙性土均应用蒲包或塑料布先把土球盖严，并用细绳稍加捆拢，再用草绳包扎；黏性土可直接用草绳包扎。

（四）吊运与假植

吊运前先撤去支撑，捆拢树冠。应选用起吊、装运能力大于树重的机车和适合现场施用的起重机类型。如：松软土地应用履带式起重机。软材包装用粗绳围于土球下部约3/5处并垫以木板。方箱包装可用钢丝绳围在木箱下部1/3处。另一粗绳系结在树干（干外面应垫物保护）的适当位置，使吊起的树略呈倾斜状。

树冠较大的还应在分枝处系1根牵引绳，以便装车时牵引树冠的方向。土球和木箱重心应放在车后轮轴的位置上，树冠向车尾。树冠过大的还应在车厢尾部设交叉支棍。土球下部两侧应用东西塞稳。

（五）定植与养护

核对坑穴，对号入座。检查并调整坑的规格，要求栽后与土相平。土壤不好的还应加大。需换土或施肥应预先备好，肥应与表土拌匀。入穴时应把姿态最好的朝向主要观赏面。近落地时，一人负责瞄准对直，四人坐坑穴边，用脚蹬木箱的上口来放正和校正位置。然后抽出钢丝绳，并用长竿支牢树冠。先填入拌肥表土，达1/3时夯实再填土，每填20~30cm土夯实1次，填满为止。按土块大小与坑穴大小做双圈灌水堰，内外水圈同时灌水。其他栽后养护基本同前。

四、其他移植法

大树移植除主要用带土软材包装和方箱包装移植法外，还有冻土球移植法和裸根移植法以及现代发展的大树移植机法。

（一）冻土（凉）球移植法

在土壤冻结期挖掘土球，不必包装，可利用冻结河道或泼水冻结的平土地，利用人畜拉运的一种方法。优点是可以利用冬闲，省包装和减轻运输。中国古代北方帝王宫苑中移植大树，多用此法。

选用当地（尤其是根系）耐严寒的乡土树种，冬季土壤冻结不深的地区，可于土壤封冻前灌水湿润土壤。待气温下降到-15℃~-12℃，土层冻结深达20cm时，开始用羊角镐等挖掘土球。下部尚未冻结，可于坑穴内停放2~3d，预先未灌水，土壤干燥冻结不实，可于土球外泼水使其冻结。在土壤冻结很深的地区，为减少挖掘困难，应提前在冻得不深时挖掘，并泼水促冻。挖好的树，未能及时移栽时应用枯草落叶覆盖，以免晒化或经寒风侵袭而冻坏根系。运输应选河道充分冻结时期，于土面运输应预先修平泥土地，选择泼水即冻的时期或利用夜间达此低温时泼水形成冰层，以减少拖拉的摩擦阻力。

（二）大树裸根移植

适用于移植容易成活，干径在10~20cm的落叶乔木，如：杨、柳、刺槐、杏等。个别树种（如：槐）干径粗达40~50cm的也可移活。裸根移植大树必须在落叶后至萌芽前当地最适季节进行。有些树种仅宜春季，土壤冻结期不宜进行。对潜伏芽寿命长的树木，地上部除留一定的主枝、副主枝外，可对树冠行重剪，但慢长树不可过重，以免影响栽后相当一段时期的观赏效果。锯截粗枝应避免劈裂，伤口应涂抹保护剂。按干径8~10倍半径范围外垂直掘根，挖掘深度应视根系情况，比一般要挖得深些。遇粗根应用手锯锯断，不宜硬铲引起劈裂。挖倒大树以后，用尖镐由根颈向外去土，注意尽量少伤树皮和须根。过重的宜用起重机吊装，其他要求同一般裸根苗，尤其应保持根部湿润。未能及时定植应假植，但不能过长，以免影响成活率。栽植穴径应比根的幅度与深度大20~30cm，栽时应立支柱。其他养护同裸根苗。萌芽后应注意选留适合枝芽培养树形，其他剥去。

（三）大树移植机移植法

大树移植机是一种在卡车或拖拉机上装有操纵尾部4扇能张合的匙状大铲的移树机械。可先用四扇匙状大铲在栽植点挖好同样大小的坑穴，即将铲张至一定大小向下铲，直至相互并合。抱起倒锥形土块上收，横放于车的尾部，运到起树边卸下。为便于起树操作，预先应把有碍的干基枝条锯除，用草绳捆拢松散树冠。移植机停在适合起树的位置，张开匙铲围于树干四周一定位置，开机下铲，直至相互并合，收提匙铲，将树抱起，树梢向前，匙铲在后，横卧于车上，即可开到栽植点，直接对准放正，放入原挖好的坑穴中，适量填土入缝，整平做堰，灌足水即可。

大树移植机最适于交通方便、运距短的平坦圃地移植，效率很高。与传统的大树移植相比，使原分步进行的众多环节、机具和吊、运联成一体，使挖穴、起树、吊、运、栽等，真正成为随挖、随运、随栽的流水作业，并免去了许多费工的辅助操作（如包装等），是今后应该广为普及的一种先进方法。

第四章　园林树木的修剪与整形

第一节　修剪、整形的意义

图4–1　园林景观一隅

在公园绿地中，对树木进行正确的修剪、整形工作，是一项很重要的养护管理技术。修剪、整形工作可以调节树势，创造和保持合理的树冠结构，形成优美的树姿，甚至构成有一定特色的园景（图4–1）。

在城市街道绿化中，由于地上、地下的电缆和管道关系，通常均需应用修剪、整形措施来解决其与树木之间的矛盾。修剪、整形措施可以减少风害，防止倒伏。

第二节　修剪、整形的原则

"修剪"是指对植株的某些器官，如茎、枝、叶、花、果、芽、根等部分进行剪截或截除的措施。"整形"是指对植株施行一定的修剪措施而形成某种树体结构形态。整形是通过一定的修剪手段来完成的，而修剪又是在一定的整形基础上，根据某种目的要求而实施的。因此，两者是紧密相关的，统一于一定栽培管理目的要求下的技术措施。在对树木进行修剪整形时，应根据下述的原则进行工作。

一、根据园林绿化对该树木的要求

不同的修剪、整形措施会造成不同的后果，不同的绿化目的各有其特殊的整剪要求。因此，首先应明确该树木在园林绿化中的目的要求。例如，同是一种圆柏，它在草坪上独植作为观赏用与为了生产通直的优良木材就有完全不同的修剪整形要求，因而具体的整剪方法也就不同，至于用作绿篱用的则更是大不相同了。

二、根据树种的生长发育习性

在确定目的要求后，在具体整形修剪时还必须根据该树种的生长发育习性来实施，否则会事与愿违达不到既定的目的与要求。一般应注意以下两方面：

（一）树种的生长发育和开花习性

不同树种的生长习性有很大差异，必须采用不同的修剪整形措施。例如很多呈尖塔形、圆锥形树冠的乔木，如桧柏、祁连圆柏、钻天杨等顶芽的生长势头特别强，能形成明显的主干与主侧枝的从属关系，对这一类习性的树种就应采用保留中央领导干的整形方式呈圆柱形、圆锥形等；对于一些顶端生长势不太强，但发枝力却很强、易于形成丛状树冠的，例如榆叶梅、毛樱桃等可修剪整形呈圆球形、半球形等形状。而像龙爪槐、垂榆等具有开展习性的，则应采用连续修剪背下枝为水平圆盘状的方式，以便使树冠呈张开的伞形。

各种树木所具有的萌芽发枝力的大小和愈伤能力的强弱，对整剪的耐力有着很大的关系。具有很强萌芽发枝能力的树种，大都能耐多次修剪，例如桧柏、水蜡、白榆等。萌芽发枝力弱或愈伤能力弱的树种，则应少行修剪或只行轻度修剪。

在园林中经常要运用剪、整技术来调节各部位枝条的生长状况以保持均整的树冠，这就必须根据植株上主枝和侧枝的生长关系来进行。按照树木枝条间的生长规律，在同一植株上，主枝愈粗壮则其上的新梢就愈多，新梢多则叶面积大，制造有机养分及吸收无机养分的能力亦愈强，因而使该主枝生长粗壮；反之，同树上的弱主枝则因新梢少、营养条件差而生长愈渐衰弱。所以欲借修剪措施来使各主枝间的生长势近于平衡时，则应对强主枝加以抑制，使养分转至弱主枝上来。故整剪的原则是“对强主枝强剪（即留得短些），对弱主枝弱剪（即留得长些）”，这样就可获得调节生长，使之逐渐平衡的效果。对欲调节侧枝的生长势而言，应掌握的原则是“对强侧枝弱剪，对弱侧枝强剪”。这是由于侧枝是开花结实的基础，侧枝如生长过强或过弱时，均不易转变为花枝，所以对强者弱剪可产生适当的抑制生长作用而集中养分使之有利于花芽的分化。而花果的生长发育亦对强侧枝的生长产生抑制作用。对弱侧枝实行强剪，则可使养分高度集中，并借顶端优势的刺激而发生出强壮的枝条，从而获得调节侧枝生长的效果。

树种的花芽着生和开花习性有很大差异，有的是先开花后生叶，有的是先发叶后开花，有的是单纯的花芽，有的是混合芽，有的花芽着生于枝的中部或下部，有的着生于枝梢，这些千变万化的差异均应在进行修剪时列为考虑的因素，否则很可能造成较大损失。

（二）植株的年龄时期（生命周期）

植株处于幼年期时，由于具有旺盛的生长势，所以不宜行强度修剪否则往往会使枝条不能及时在秋季成熟，因而降低抗寒力；亦会造成延迟开花年龄的后果。所以对幼龄小树除特殊需要外，只宜弱剪，不宜强剪。成年期树木正处于旺盛地开花结实阶段，此期树木具有完整优美的树冠，这个时期的修剪整形目的在于保持植株的健壮完美，使开花结实活动能长期保持繁茂和丰产、稳产，所以关键在于配合其他管理措施综合运用各种修剪方法以达到调节均衡的目的。衰老期树木，因其生长势力衰弱，每年的生长量小于死亡量，处于向心生长更新阶段，所以修剪时应以强剪为主，以刺激其恢复生长势，并应善于利用徒长枝来达到更新复壮的目的。

三、根据树木生长地点的环境条件特点

由于树木的生长发育与环境条件间具有密切关系，因此即使具有相同的园林绿化目的要求，但由于条件的不同，在进行具体修剪整形时也会有所不同。例如同是一株独植的乔木，在土地肥沃处以整剪成自然式为佳而在土壤瘠薄或地下水位较高处则应适当降低分枝点，使主枝在较低处即开始构成树冠；而在多风处，主干也宜降低高度，并应使树冠适当稀疏才妥。

第三节　修　剪

一、修剪的时期

各种树种的抗寒性、生长特性及物候期对决定它们的修剪时期有着重要的影响。总的来讲，可分为休眠期修剪又称冬季修剪，和生长期修剪又称春季修剪或夏季修剪这两个时期。前者视气候而异，大抵自土地结冻树木休眠后至次年春季树液开始流动前施行。抗寒力差的种类最好在早春修剪，以免伤口受风寒伤害，对伤流特别旺盛的种类，如葡萄、复叶槭等不可修剪过晚，否则会自伤口流出大量树液而使植株受到严重伤害。后者，即生长季的修剪期是自萌芽后至新梢或副梢延长生长停止前这一段时期内施实，其具体日期则视气候及树种而异，但勿过迟，否则易促

使发生新副梢而消耗养分且不利于当年新梢的充分成熟。

二、修剪的方法及其对生长的影响

（一）休眠期的修剪

1. 截干

对干茎或粗大的主枝、骨干枝等进行截断的措施称为截干。这种方法有促使树木更新复壮的作用。在培育次生萌芽以及对树木施行去顶的“头状作业”时均采用本法。在截除粗大的侧生枝干时，应先用锯在粗枝基部的下方，由下向上锯入1/3~2/5，然后再自上方在基部略前方处从上向下锯下，如此可以避免劈裂。最后再用利刃将伤口自枝条基部切削平滑，并涂上护伤剂以免病虫侵害和水分的蒸腾。伤口切削平滑的措施有利于愈伤组织的发展，有利于伤口的愈合。护伤剂可以用接蜡、白涂剂或油漆（图4–2）。

图4–2 整形修剪

2. 剪枝

这是修剪中最常应用的措施。依修剪的方式可分为“疏剪”（又称“疏删”）及“剪截”两类。前者是将整个枝条自基部完全剪除，不保留基部的芽。后者则仅是将枝条剪去一部分而保留基部几个芽。

剪截又依程度的不同而分为“短剪”（又称“重剪”或“强剪”），即剪除整个枝条长度的1/2以上，及“长剪”（又称“轻剪”或“弱剪”），即剪除的部分不足全长的1/2。

行疏剪时，可使邻近的其他枝条增强生长势，并有改善通风透光状况的效果。行强剪时，可使所保留下的芽得到较强的生长势，行弱剪时，则其生长势的加强作用较强剪为小。当然这种刺激生长的影响是仅就一根枝条而言的。实际上，各芽所表现出的生长势强与弱的程度还受着邻近各枝以及上一级枝条和环境条件的影响。

剪枝是修剪中的主要技术措施，应用极广，除少数情况外大抵均在休眠期进行。

图4–3 疏枝、回缩、短截示意图

剪枝措施对树木生长发育的影响有两方面：

（1）对局部的影响　经剪枝后，生长点减少，来春发芽时可使留存的芽多得到养分、水分的供应，因而新梢的生长势可得到加强。又由于剪枝的方法和强弱程度的不同，可以有效地调节各枝间的生长势。其实行剪截的植株由于生长点降低，故前级枝与新梢间的距离缩短，因而有避免树冠内部空虚的作用。

（2）对全株的影响　对同一种树木进行修剪与不行修剪的对比试验结果表明，修剪量的大小对全株的生长发育影响很大，但反应的程度则视树种而异。那些长期进行较多量修剪的树木（例如果园中的果树），均会产生树体容积减少的后果；又由于地上部与地下部生长的平衡关系，所以枝梢及根系的总生长量要比不修剪者为少，而对幼树来讲更易产生矮化的倾向。从生产果实角度言之，成年树年年修剪后虽树高不如未经修剪的树，但能达到年年开花繁茂、果实丰产、延长结果年限和保持树冠完整等目的。对施行自然式整形的庭荫树而言，适当疏去冗枝等轻度修剪可促进树木的生长。对衰老树的修剪，尤其是行重度修剪，能收到更新复壮的效果（图4–3）。

（二）生长期的修剪

1. 折裂

为防止枝条生长过旺，或为了曲折枝条使之形成各种苍劲的艺术造型，常在早春芽略萌动时，对枝条施行折裂处理。较粗放的方法是用手将枝折裂，但对珍贵的树木行艺术造型处理时，枝条折裂的方法是先用刀斜向切入，深及枝条直径的1/2~2/3，然后，小心地将枝弯折，并利用木质部折裂处的斜面互相顶住。精细管理者并于切口处涂泥以免伤口蒸腾水分过多。

2. 除芽（抹芽）

把多余的芽除掉称为除芽。此措施可改善其他留存芽的养分供应状况而增强生长势。其中亦有将主芽除去而使副芽或隐芽萌发的，这样可抑制过强的生长势或延迟发芽期。

3. 摘心

将新梢顶端摘除的措施称为摘心。摘除部分约长2~5cm。摘心可抑制新梢生长，使养分转移至芽、果或枝部，有利于花芽的分化、果实的肥大或枝条的充实。但摘心后，新梢上部的芽易萌发成二

图4–4　抹芽、除蘖示意图

次梢，可待其生出数叶后再行摘心。

4. 捻梢

将新梢屈曲而扭转但不使其断离母枝的措施称捻梢。此法多在新梢生长过长时应用。用捻梢法所产生的刺激作用较小，不易促发副梢，缺点为扭转处不易愈合，以后尚需再行一次剪平手续。此外，亦有用“折梢”法，即折伤新梢而不断下的方法代替捻梢的。

5. 屈枝（弯枝、缚枝、盘扎）

将枝条或新梢施行屈曲、缚扎或扶立等诱引措施。由于芽、梢的生长有顶端优势，故运用屈枝法可以控制该枝梢或其上芽的萌发作用。当直立诱引时可增强生长势；当水平诱引时则有中等的抑制作用；当向下方屈曲诱引时，则有较强的抑制作用。在一些绿地中，于重点园景配植时常用此法将树木盘扎成各种艺术性姿态。

6. 摘叶（打叶）

适当摘除过多的叶片，称摘叶。此法有改善通风透光的效果。在果实生产上尚有使果实充分见光而着色良好的效果。密植的群体中施行本措施，有增强组织、防止病虫滋生等作用。

7. 摘蕾

凡是为了获得肥硕的花朵，如牡丹、月季等，常可用摘除侧蕾的措施使主蕾充分生长。对一些观花树木，在花谢后常进行摘除枯花工作，不但能提高观赏价值，还可避免结实消耗养分。

8. 摘果

为使枝条生长充实、避免养分过多消耗，常将幼果摘除。例如对月季等，为使其连续开花，必须时时剪除果实。至于以采收果实为目的，亦常为使果实肥大、提高品质或避免出现“大小年”现象而摘除适量果实。

（三）在休眠期或生长期均可施行的修剪措施

1. 去蘖

是除去植株基部附近的根囊或砧木上萌蘖的措施。它可使养分集中供应植株，改善生长发育状况。

2. 切刻

是在芽或枝的附近施行刻伤的措施。深度以达木质部为度。当在芽或枝的上方行切刻时，由于养分、水分受伤口的阻隔而集中于该芽或枝条，可使生长势加强。当在芽或枝的下方行切刻时，则生长势减弱，但由于有机营养、物质的积累，能使枝、芽充实，有利于加粗生长和花芽的形成。切刻愈深愈宽时，其作用就愈强。

3. 纵伤

是在枝干上用刀纵切，深及木质部的措施。作用是减少树皮的束缚力，有利于枝条的加粗生长。细枝可行1条纵伤，粗枝可纵伤数条。

4. 横伤

是对树干或粗大主枝用刀横砍数处，深及木质部。作用是阻滞有机养分下运，可使枝干充实，有利于花芽的分化，能达到促进开花结实和丰产的目的。此法在枣树上常常应用。

5. 环剥（环状剥皮）

是在干枝或新梢上，用刀或环剥器切剥掉1圈皮层组织的措施。其功能同于横伤，但作用要强大得多。环剥的宽度一般为2~10mm，视枝干的粗细和树种的愈伤能力和生长速度而定。但均忌过宽，否则长期不能愈合会对树木生长不利。应注意的是对伤流过旺或易流胶的树种，不宜应用此措施。

6. 断根

是将植株的根系在一定范围内全行切断或部分切断的措施。本法有抑制树冠生长过旺的特效。断根后可刺激根部发生新须根，所以有利于移植成活，因此，在珍贵苗木出圃前或进行大树移植前，均常应用断根措施。此外，亦可利用对根系的上部或下部的断根，促使根部分别向土壤深层或浅层发展。

三、修剪时应注意的事项

在修剪具有永久性各级骨干枝的延长枝时，应特别注意剪口与其下方芽的关系。即斜切面与芽的方向相反，其上端与芽端相齐，下端与芽之腰部相齐。这样剪口面不大，又利于养分、水分对芽的供应，使剪口面不易干枯而可很快愈合，芽也会抽梢良好。形成过大的切口，切口下端达于芽基部的下方，由于水分蒸腾过烈，会严重影响芽的生长势，甚至可使芽枯死。技术不熟练者常发生遗留下一小段枝梢，常常不易愈合，并为病虫的侵袭打开门户，而且如果遗留的枝梢过长时，在芽萌发但在春季旱风期后再行第2次修剪，剪除芽上方多余部分枝段。

此外，除了注意剪口芽与剪口的位置关系外，还应注意剪口芽的方向就是将来延长枝的生长方向。因此，需从树冠整形的要求来具体决定究竟应留哪个方向的芽。一般言之，对垂直生长的主干或主枝而言，每年修剪其延长枝时，所选留的剪口芽的位置方向应与上年的剪口芽方向相反，如此才可以保证延长枝的生长不会偏离主轴。至于向侧方斜生的主枝，其剪口芽应选留向外侧或向树冠空下处生长的方向。

以上所述均为修剪永久性的主干或骨干枝时所应注意的事项。至于小侧枝，则因其寿命较短，即使芽的位置、方向等不适当也影响不大。

主枝或大骨干枝的分枝角度对高大的乔木而言，分枝角度太小时，容易受风、雪压、冰挂或结果过多等压力而发生劈裂事故。因为在两枝间由于加粗生长而互相挤压，不但不能有充分的空间发展新组织，反而使已死亡的组织残留于二枝之间，因而降低了承压力。反之；如分枝角较大时，则由于有充分的空间，故二枝间的组织联系很牢固而不易劈裂。由于上述的原理，所以在修剪时应剪除分枝角过小的枝条，而选留分枝角较大的枝条作为下一级的骨干枝。对初形成树冠而分枝角较小的大枝，可用绳索将枝拉开，或于二枝间内撑木板，加以矫正。

修剪的顺序修剪时最忌漫无次序、不假思索地乱剪，这样常会将需要保留的枝条也剪掉了，而且速度也慢。有经验的技术人员除对人工整形树如绿篱等是先由外部修剪成大体轮廓，其余均是按照“由基到梢、由内及外”的顺序来剪，即先看好树冠的整体应整成何种形式，然后由主枝的基部自内向外地逐渐向上修剪，这样就会避免差错或漏剪，既能保证修剪质量又可提高速度。

第四节　整　　形

一、修剪时期

整形工作总是结合修剪进行的，所以除特殊情况外，整形的时期与修剪的时期是统一的。

二、修剪形式

园林绿地中的树木负担着多种功能任务，所以整形的形式各有不同，但是概括地可以分为以下三类：

（一）自然式整形

在园林绿地中，以本类整形形式最为普遍，施行起来亦最省工，而且最易获得良好的观赏效果。本式整形的基本方法是利用各种修剪技术，按照树种本身的自然生长特性，对树冠的形状做辅助性的调整和促进，使之早日形成自然树形，对由于各种因子而产生的扰乱生长平衡、破坏树形的徒长枝、冗枝、内膛枝、并生枝以及枯枝、病虫枝等，均应加以抑制或剪除，注意维护树冠的匀称完整。

自然式整形是符合树种本身的生长发育习性的，因此常有促进树木生长良好、发育健壮的效果，并能充分发挥该树种的树形特点，提高了观赏价值。

(二)人工式整形

由于园林绿化中特殊的目的，有时可用较多的人力物力将树木整剪成各种规则的几何形体或是非规则的各种形体，如鸟、兽、城堡等。

1. 几何形体的整形方法（图4–5）

以几何形体的构成规律作为标准来进行修剪整形，例如正方形、球形等。正方形树冠应先确定每边的长度，球形树冠应确定半径等。

图4–5　人工式整形

2. 非几何形体的其他形体整形方法

（1）垣壁式　在庭园及建筑附近为达到垂直绿化墙壁的目的，在古典式庭园中常可见到本式。常见的形式有U字形、义形、肋骨形、扇形等。本式的整形方法是使主干低矮，在干上向左右两侧呈对称或放射状配列主枝，并使之保持在同一平面上。

（2）雕塑式　根据整形者的意图匠心，创造出各种各样的形体。但应注意树木的形体应与四周园景协调，线条勿过于烦琐，以轮廓鲜明简练为佳。整形的具体作法视修剪者技术而定，亦常借助于棕绳或铅丝，事先做成轮廓样式进行整形修剪。

人工形体或整形是与树种本身的生长发育特性相违背的，是不利于树木的生长发育的，而且一旦长期不剪，其形体效果就易破坏，所以在具体应用时应该全面考虑。

(三)自然与人工混合式整形

这是由于园林绿化上的某种要求，对自然树形加以或多或少的人工改造而形成的形式。常见的有以下几种：

1. 杯状型

在主干一定高度处留三主枝向四面配列，各主枝与主干的角度约45°，三主枝间的角度约为120°。在各主枝上留2条次级主枝，在各次级主枝上又应再保留2条更次一级的主枝，依次类推，即形成似假二叉分枝的杯状树冠。这种整形方法，本是对轴性较弱的树种实施较多的人工控制的方法，也是违反大多数树木的生长习性的。在过去，杯状型多见于果园中用于桃树的整形，在街道绿化上亦有用于悬铃木的。后者大都是由于当地多大风、地下水高、土层较浅以及空中缆线多等原因，不得不用抑制树冠的方法，但亦常见一些城市虽无上述限制，却也采用本法，则属“东施效颦”了。

2. 开心型

这是将上法改良的一种形式，适用于轴性弱、枝条开展的树种。整形的方法亦是不留中央领导干而留多数主枝配列四方。在主枝上每年留有主枝延长枝，并于侧方留有副主枝处于主枝间的空隙处。整个树冠呈扁圆形，可在观花小乔木及苹果、桃等喜光果树上应用。

3. 多领导干型

留2~4个中央领导干，于其上分层配列侧生主枝，形成均整的树冠。本形适用于生长较旺盛的种类，可造成较优美的树冠，提早开花年龄，延长小枝寿命，最宜用作观花乔木、庭荫树的整形。

4. 中央领导干型

留一强大的中央领导干，在其上配列疏散的主枝。本形式是对自然树形加工较少的形式之一。本形式适用于轴性强的树种，能形成高大的树冠，最宜用作庭荫树、独赏树及松柏类乔木的整形。

5. 丛球型

此种整形法颇类似多领导干型，只是主干较短，干上留数主枝呈丛状。本形多用于小乔木及灌木的整形。

6. 棚架型

这是对藤本植物的整形。先建各种形式的棚架、廊、亭，种植藤本树木后，按生长习性加以剪、整等诱引工作。

总括以上所述的三类整形方式，在园林绿地中以自然式应用最多，既省人力、物力，又易成功。其次为自然与人工混合式整形，这是以花朵硕大、繁密或果实丰多肥美等为目的而进行的整形方式，它比较费工，亦需适当配合其他栽培技术措施。关于人工形体式整形，一般言之，由于很费人工，且需有较熟练技术水平的人员，故常只在园林局部或在要求特殊美化处应用。

第五节　各种园林用途树木的修剪整形

一、松柏类的剪整

一般言之，对松柏类树种多不进行修剪整形或仅采取自然式整形的方式，每年仅将病枯枝剪除即可。在园林局部中亦有行人工形体式整形的。在大面积绿化成林的栽植中，值得注意的是“打枝”问题。因为松柏类的疏枝活动过程较慢，所以常施行人工打枝工作。衰弱枝剪除，有利通风、透光、减少病虫感染率。问题在于打枝量的多少，许多地方习惯于大量打枝，仅保留一个很小的树冠，这样势必严重地影响到植株的生长。打枝量究竟多少才属适当呢?这与树种的生长特性有密切关系。打枝时必须根据栽培目的，既考虑到树高的生长又考虑对树干加粗生长的影响。

对园林中独植的针叶树而言，除有特殊要求呈自然风致形者外，由于绝大多数均有主导枝、且生长较慢，故应注意小心保护中央领导干勿受伤害为要。

二、庭荫树与行道树的剪整

一般言之，对树冠不加专门的整形工作而多采用自然树形。庭荫树的主干高度应与周围环境的要求相适应，一般无固定的规定而主要视树种的生长习性而定。行道树的主干高度以不妨碍车辆及行人通行为主，普遍以2. 5~4m为宜。

庭荫树与行道树树冠与树高的比例大小，视树种及绿化要求而异。庭荫树等独植树木的树冠以尽可能大些为宜，不仅能充分发挥其观赏效果而且对一些树干皮层较薄的种类，如白皮松等，可有防止日烧伤害干皮的作用。故树冠以占树高的2/3以上为佳，而以≥1/2为宜。行道树的树冠高度以占全树高的1/3~1/2为宜，如过小则会影响树木的生长量及健康状况。

荫道树的整形方式虽多采用自然形，但由于特殊的要求或风俗习惯等原因，亦有采用人工形体式的。尤其是行道树，由于空中电线等设施物的阻碍，常严重限制了树冠的发展。行道树树冠过小，不但影响了它的遮荫等卫生防护功能而且常致寿命缩短，故最近不少城市已经开始注意如何解决行道树与地上、地下管线的矛盾，以达到扩大树冠的目的。

庭荫树与行道树在具体修剪时，除人工形体式需每年用很多的劳力进行休眠期修剪以及夏季生长期修剪外，对自然式树冠则每年或隔年将病、枯枝及扰乱树形的枝条剪除，对老、弱枝行短剪、给以刺激使之增强生长势。对干基部发生的萌芽以及主干上由不定芽发长的完枝均应一一剪除。

三、灌木类的剪整

按树种的生长发育习性，可分为下述几类剪整方式：

(一) 先开花后发叶的种类

可在春季开花后修剪老枝并保持理想树姿。对榆叶梅等枝条稠密的种类，可适当疏剪弱枝、病枯枝。用重剪进行枝条的更新，用轻剪维持树形。对于具有拱形枝的种类，如连翘、迎春等可将老枝重剪，促进发生强壮的新条以充分发挥其树姿特点。

(二) 花开于当年新梢的种类

可在冬季或早春剪整。如月季、珍珠梅等可达到在生长季中开花不绝的目的。

除早春重剪老枝外，还应在花后将新梢修剪，以便再次发枝开花。

（三）观赏枝条及观叶的种类

应在冬季或早春施行重剪，以后行轻剪，使萌发多数枝及叶。又如红瑞木等不耐寒的观枝植物，可在早春修剪，以便冬枝充分发挥观赏作用。

（四）萌芽力极强的种类或冬季易干梢的种类

可在冬季自地面刈去，使次春重新萌发新枝。这种方法对绿化结合生产以枝条做编织材料的种类很有实用价值。

四、藤本类的剪整

在自然风景区中，对藤本植物很少加以修剪管理，但在一般的园林绿地中则有以下几种处理方式：

（一）棚架式

对于卷须类及缠绕类藤本植物多用此种方式进行剪整。剪整时，应在近地面处重剪，使发生数条强壮主草，然后垂直诱引主蔓于棚架的顶部，并使侧蔓均匀地分布架上，则可很快地成为荫棚。对不耐寒的种类如葡萄，需每年下架，将病弱衰老枝剪除，均匀地选留结果母枝，经盘卷扎缚后埋于土中，次年再行出土上架。至于耐寒的种类则可不必进行下架埋土防寒工作。除隔数年将病、老或过密枝疏剪外，一般不必每年剪整。

（二）凉廊式

常用于卷须类及缠绕类植物，亦偶尔用吸附类植物。因凉廊有侧方格架，所以主蔓勿过早诱引于廊顶，否则容易形成侧面空虚。

（三）附壁式

本式多用吸附类植物为材料。方法很简单，只需将藤蔓引于墙面即可自行依靠吸盘或吸附根而逐渐布满墙面，例如爬山虎等均用此法。此外，在某些庭园中，有在壁前20~50cm处设立格架，在架前栽植植物的，例如蔓性蔷薇等开花繁茂的种类多在建筑物的墙面前采用本法。修剪时应注意使壁面基部全部覆盖，各蔓枝在壁面上应分布均匀，勿使互相重叠交错为宜。

在本式剪整中，最易发生的问题为基部空虚，不能维持基部枝条长期密茂。对此，可配合轻、重修剪以及曲枝诱引等综合措施，并加强栽培管理工作。

（四）直立式

对于一些茎蔓粗壮的种类如紫藤等，可以剪整成直立灌木式。此式如用于公园道路旁或草坪上，可以收到良好的效果。

五、植篱的剪整

植篱又称为绿篱、生篱，剪整时应注意设计意图和要求。自然式植篱一般可不行专门的剪整措施，仅在栽培管理过程中将病老枯枝剪除即可。对整形式植入则需施行专门的修剪整形工作。

（一）整形式植篱的形式

形式有各式各样，有剪整成几何形体的，有剪成高大的壁篱式作雕像、山石、喷泉等背景用，亦有将植篱本身作为景物的；亦有将树木单植或丛植，然后剪整成鸟、兽、建筑物或具有纪念、教育意义等雕塑形式。（图4–6）

图4–6　植篱剪整

整形式植篱在栽植的方式上，通常多用直线形，但在园林中为了特殊的需要，例如需方便于安放坐椅、雕像等物时，亦可栽成各种曲线或几何形。在剪整时，立面的形体必须与平面的栽植形式相和谐。此外，在不同的小地形中，运用不同的整剪方式，亦可收到改造地形的功效，这样不但增加了美化效果，而且对防止水土流失方面亦有着很大的实用意义。

（二）整形式植篱的剪整方法

在以上各式的剪整中，经验丰富的可随手剪去即能达到整齐美观的要求，不熟练的则应先用线绳定型，然后以线为界，进行修剪。

植篱最易发生下部干枯空裸现象，因此在剪整时，其侧断面呈梯形最好，可以保持下部枝叶受到充分的阳光而生长茂密，不易秃裸。反之，如断面呈倒梯形，则植篱下部易迅速秃空，不能长久保持良好效果。

六、桩景树的剪整（树木的艺术造型）

中国的古老庭园以及许多新建的园林曾经有过分强调园林建筑的思想，往往把大量财力用于建造亭楼廊榭，热衷于重院回廊、楼阁相望，而对“用植物造景”的思想认识不足。当然，必要的园林建筑是绝不应忽视的，但园林绿化建设的根本与精髓在于以植物来美化环境，是不容置疑的。植物造景有许多方法，其中之一即运用桩景树。现在概括地讲树木的艺术造型问题。

（一）桩景树的艺术形体

一般以仿照自然界古树名木的奇姿异态，加上园林师自己的构思，运用栽培技术进行艺术加工，经过多年精心的培养，才能创造出优美的树形。

1. 直干式

树木主干直立，树冠的各主、侧枝经过全盘的构思规划布局，运用剪、裁、盘、曲和缚扎定位，最后形成独具情趣的树冠。剪整要点是培养主干达一定高度后施行摘心，对各主侧枝必须按创作意图进行配置。对主干顶端的收尾形式应妥善运用预留侧主枝，一般不宜采用枯梢秃顶式接尾。

2. 屈干式

主干屈折，主枝因势托展有拱迎体态。剪整要点在于作好主枝方向与层次距离的配列。

3. 悬崖式

主干基部直立、中部倾斜、上部向前悬垂，状如飞瀑，各主侧枝呈高低错落配列。

4. 劈干式

主干劈分为二，主枝呈层配列。此式因其主要显示栽培养护技艺，目前在北方地区不多见。

5. 双干式

主干二，通常斜生，两干一高一低，方向各异而又相互呼应，树冠亦呈相互呼应的二体。

6. 连理式

将二干或二主枝在距地一定高度处进行嫁接，形成连理干或连理枝。

7. 露根式

对根系发达的树种，可逐年除土露根，最后形成盘龙舞爪的形状。

（二）桩景树的剪整技术

剪整技术有多种，可概括为如下三类：

1. 盘扎

对较柔韧或比较细的干及枝条可用此法。依园林师的构思将枝条弯曲，用铅丝（粗铅丝可烧红后任其自然冷却后备用）、麻皮或棕丝扎缚拉引使之固定。对较粗的枝条，可加支柱绑缚固定。用本法所造成的盘曲姿势比较圆滑柔软，其特点为只用手力使之盘曲而扎缚，并不用刀子刻切枝条，故花农树艺者在传统上称为“软式”技法。

枝条的盘扎时期，以在休眠期施行为好。一般在秋末落叶后或早春萌芽前施行为好，应避免在芽已萌发长大后施行，否则芽易被碰掉。对于当年生长的新梢，可以随其生长长度而适时加以盘扎。已盘扎完毕的枝条，视其固定的程度，一般经过一个生长季后，在次年生长期开始前应行解除盘扎物，以免嵌入枝内。

2. 刻拧

对粗硬不易弯曲的干或枝条，或者欲做成硬线条姿态的树木常用本法。本作法可产生浑厚有力、刚劲古朴的艺术效果，树艺者在传统上称为“硬式”技法。

对欲使之弯曲的粗干，可用利刃纵穿枝干使之劈裂，即易扭曲而不会折断。欲行大角度折屈时，可在折屈处刻出缺口，就可使其易弯折而又不会断离。为了避免折口水分过分蒸发，可行包扎及涂泥，如此经1个月以后可以不再涂泥。作切口时，视弯折角度的大小，切口深度约为枝径的1/3~2/3，切口应自上而下斜切。欲使枝条呈左右方向弯折时则切口应在枝条的左方及右方分别切入，如欲使枝条呈螺旋状回转时，则切口也应呈螺旋状排列，一般是每3~5刀转1周。用刀切刻切口的时期应在芽刚萌动时进行，如过早则常会因切刻而不易发芽；如过晚则芽已长大故很易被碰落。

3. 撬树皮

为使树干上某个部分有疣隆起有如高龄老树状，可以在生长最旺盛的时期，用小刀插入树皮下轻轻撬动，使皮层与木质部分离，则经几个月后这个部分就会呈疣状隆起。

4. 撕裂枝条

主干上的侧枝如欲去除时，不必用剪剪截，可用手撕除，这样就必然会连树皮一起撕下露出一部分主干的木质部，结果就会造成有如老树在自然界受到风雷损害一样的形貌。其他有原来用剪、锯切断处，凡是断面整齐平滑的，均应用刀施行艺术加工切刻成风雷自然折损的形貌。施用本法的树木，最后均应在断损处涂上具有自然枯木色彩的防腐剂。

值得注意的是有一种错误观念，认为桩景树只能盆栽不能地栽，这是不正确的。实际上在中国园林中早有运用大的桩景树进行造景配植的手法，例如河南省鄢陵县姚家花园以及广东省潮汕地区等不少地方均有这种传统，只是由于种种原因未被注意罢了。实际上地栽的桩景树与“盆栽”是同源的，均是园林树木栽培技术中的重要组成部分。

第五章　园林树木的土、肥、水管理

土壤是树木生长的基地，也是树木生命活动所需求的水分、各种营养元素和微量元素的源泉。因此，土壤的好坏直接关系着树木的生长。不同的树种对土壤的要求是不同的，但是一般言之，树木都要求保水保肥能力好的土壤，同时在雨水过多或积水（除耐水湿的以外）时，往往易引起烂根，故下层排水良好非常重要，因此下层土壤富含沙砾时最为理想。此外，又要求栽植地的土壤应充分风化，才能提供需要的养分。

第一节　土壤管理

一、树木生长地的土壤条件

园林树木生长地的土壤条件十分复杂。据调查园林树木生长地的土壤，大致可分为以下几类：

（1）荒山荒地　荒山荒地的土壤尚未深翻熟化，肥力低。

（2）平原肥土　平原肥土最适合园林树木生长，但这种条件不多。

（3）水边低湿地　水边低湿地一般土壤紧实，水分多，通气不良，土质多带盐碱。

（4）煤灰土或建筑垃圾土　在居住区，由生活活动产生的废物，如：煤灰、垃圾、瓦砾等形成的煤灰土以及建筑施工后留下的灰槽、灰渣、煤屑、沙石、砖瓦块、碎木等建筑垃圾堆积而成的土壤。

（5）市政工程施工后的场地　在城市中，如人防工程等处由于施工，将未熟化的心土翻到表层，使土壤肥力降低。而且机械施工，碾压土地，会造成土壤坚硬、通气不良。

（6）人工土层　就是人工修造的，代替天然地基的构筑物，这个概念是针对城市建筑过密现象而解决土地利用问题的一种方法。如建筑的屋顶花园，地下停车场、地下通道、地下贮水槽等上面的栽植，都可以把建筑物视为人工土层的载体。人工土层没有地下毛细管水的供应，同时土层的厚度受到局限，有效的土壤水分容量也小，如果没有雨水或人工浇水则土壤干燥，不利于植物的生长。

天然土地因为热容量大，所以地温的变化受气温变化的影响小，土层越深，变化幅度越小，达到一定深度后，地温就几乎不变了，是恒定的。人工土层则有所不同，因为土层很薄受到外界气温的变化和从下部结构传来的热变化两种影响，土壤温度的变化幅度较大。所以天然土地上面的树木根系能够从地表向下生长到一定深度，而不直接受到气温变化的影响，从这一点来看，人工土层的栽植环境是不够理想的。

人工土层的土壤容易干燥，温度变化大，土培微生物的活动易受影响，腐殖质的形成速度缓慢，因此人工土层的土壤选择很重要，特别是屋顶花园，要选择保水和保肥能力强同时应施用腐熟的肥料。因为如果保水保肥能力不强，灌水后都漏走流失，其中的养分也随之流失。因此如果不经常补充肥料，土壤就会逐渐贫瘠，不利于植物的生长。为减轻建筑的负荷，减少经济开支，采用的土壤要轻，因此需要混合各种多孔性轻量材料，例如混合蛭石、珍珠岩、煤灰渣、泥炭等。选用的植物材料体量要小，重量要轻。

（7）工矿污染地　由矿山和工厂排出的废水里面含有害成分，污染土地，致使树木不能生长，此类情况，除用良好的土壤替换外，别无他法。

（8）紧实的土壤　园林绿地常常受人为的践踏和车辆的碾压，使土壤密度增加，孔隙度降低，通透性不良，因而对树木生长发育相当不利。除上述以外，园林绿地的土壤有可能是盐碱土、重黏土、沙砾土等。因此，在种植前应施有机肥进行改良。

二、树木栽植前的整地

整地，即土壤改良和土壤管理，是保证树木成活和健壮生长的有力措施。

（一）树木栽植前整地工作的特点

园林绿地的土壤条件十分复杂，因此园林树木的整地工作既要做到严格细致，又要因地制宜。园林树木的整地应结合地形进行整理，除满足树木生长发育对土壤的要求外，还应注意地形地貌的美观。在疏林草地或栽种地被植物的树林、树群、树丛中，整地工作应分两次进行：第1次在栽植乔灌木以前；第2次则在栽植乔灌木之后和其他地被植物之前。

（二）园林整地工作的内容与作法

园林的整地工作，包括以下几项内容：适当整理地形、翻地、去除杂物、碎石、耙平、填压土壤。其方法应根据各种不同情况进行：

1. 一般平缓地区的整地

对8° 以下的平缓耕地或半荒地，可采取全面整地。通常多翻耕30cm的深度，以利蓄水保墒。对于重点布置地区或深根性树种可翻掘50cm深，并施有机肥，借以改良土壤。平地、整地要有一定倾斜度，以利排除过多的雨水。

2. 市政工程场地和建筑地区的整地

在这些地区常遗留大量灰槽、灰渣、沙石、砖石、碎木及建筑垃圾等，在整地之前应全部清除，还应将因挖除建筑垃圾而缺土的地方换入肥沃土壤。由于夯实地基土壤紧实，所以在整地同时应将夯实的土壤挖松，并根据设计要求处理地形。

3. 低湿地区的整地

低湿地土壤紧实，水分过多，通气不良，土质多带盐碱，即使树种选择正确，也常生长不好。解决的办法是挖排水沟降低地下水位，防止返碱。通常在种树前1年，每隔20m左右就挖出一条深1. 5~2. 0m的排水沟，并将掘起来的表土翻至一侧培成垅台，经过一个生长季，土壤受雨水的冲洗盐碱减少了，杂草腐烂了，土质疏松，不干不湿，即可在垅台上种树。

4. 新堆土山的整地

挖湖堆山，是园林建设中常有的改造地形措施之一。人工新堆的土山，要令其自然沉降，然后才可整地植树。因此，通常多在土山堆成后至少经过一个雨季，始行整地。人工土山多不太大，也不太陡，又全是疏松新土，因此可以按设计进行局部的自然块状整地。

5. 荒山整地

在荒山上整地之前，要先清理地面，刨出枯树根，搬除可以移动的障碍物，在坡度较平缓、土层较厚的情况下，可以采用水平带状整地，这种方法是沿低山等高线整成带状的地段，故可称环山水平线整地。

在干旱石质荒山的植树地段，可采用连续或断续的带状整地，称为水平阶整地。

在水土流失较严重或急需保持水土，使树木迅速成林的荒山，则应采用水平沟整地或鱼鳞坑整地，还可以采用等高撩壕整地。

（三）整地季节

整地季节的早晚对完成整地任务的好坏直接有关。在一般情况下，应提前整地以便发挥蓄水保墒的作用，并可保证植树工作及时进行。这一点在干旱地区其重要性尤为突出。一般整地应在前一年或者植树前1~3个月的时期进行。如果现整现栽，效果将会大受影响。

三、树木生长地的土壤改良及管理

园林绿地土壤改良不同于农作物的土壤改良，农作物土壤改良可以经过多次深翻、轮作、休闲和多次增施有机肥等手段。而城市园林绿地的土壤改良，不可能采用轮作、休闲等措施，只能采用深翻、增施有机肥等手段来完成，以保证树木能正常生长几十年至百余年。

园林绿地土壤改良和管理任务是通过各种措施来提高土壤的肥力，改善土壤结构和理化性质，不断供应园林树木所需的水分与养分，为其生长发育创造良好的条件。同时还可以结合实行其他措施维持地形地貌整齐美观，减少土壤冲刷和尘土飞扬，增强园林景观效果。

园林绿地的土壤改良多采用深翻熟化、客土改良、培土与掺沙和施有机肥等措施。

（一）深翻熟化

深翻结合施肥，可改善土壤结构和理化性质，促使土壤团粒结构形成，增加孔隙度。因而深翻后土壤含水量大为增加。

深翻后土壤的水分和空气条件得到改善，使土壤微生物活动加强，可加速土壤熟化，使难溶性营养物质转化为可溶性养分，相应地提高了土壤肥力。

园林树木很多是深根性植物，根系活动很旺盛。因此，在整地、定植前要深翻，给根系生长创造良好条件，促使根系向纵深发展。对重点布置区或重点树种还应适时深耕，以保证树木随着树龄的增长对肥、水、热的需要。过去曾认为深翻伤根多，对根系生长不利。实践证明，合理深翻，断根后可刺激发生大量的新根，从而提高吸收能力，促使树体健壮，新梢长，叶片浓绿，花芽形成良好。因此，深翻熟化不仅能改良土壤，而且能促进树木生长发育。

深翻的时间一般以秋末冬初为宜。此时，地上部生长基本停止或趋于缓慢，同化产物消耗减少，并已经开始回流积累，深翻后正值根部秋季生长高峰，伤口容易愈合；同时容易发出部分新根，吸收和合成营养物质，在树体内进行积累，有利于树木次年的生长发育；深翻后经过冬季，有利于土壤风化积雪保墒；同时，深翻后经过大量灌水，土壤下沉，土粒与根系进一步密接，有助于根系生长。早春土壤化冻后应当及早进行深翻，此时地上部尚处于休眠期，根系刚开始活动，生长较为缓慢，但伤根后除某些树种外也较易愈合再生。但是，春季劳力紧张，往往受其他工作冲击影响此项工作的进行。

深翻的深度与地区、土质、树种、砧木等有关，黏重土壤深翻应较深，沙质土壤可适当浅耕，地下水位高时宜浅，下层为半风化的岩石时则宜加深以增厚上层；深层为砾石，也应翻得深些，拣出砾石并换好土，以免肥、水流失；地下水位低，土层厚，栽植深根性树木时则宜深翻，反之则浅。下层有黄淤土、白干土、胶泥板或建筑地基等残存物时，深翻深度则以打破此层为宜，以利渗水。可见，深翻深度要因地、因树而异，在一定范围内，翻得越深效果越好，一般为60~100cm，最好距根系主要分布层稍深、稍远一些，以促进根系向纵深生长，扩大吸收范围，提高根系的抗逆性。

深翻后的作用可保持多年，因此，不需要每年都进行深翻。深翻效果持续年限的长短与土壤有关，一般黏土地、涝洼地翻后易恢复紧实，但保持年限较短；疏松的沙壤土保持年限则长。据报道，地下水位低，排水好，翻后第2年即可显示出深翻效果，多年后效果尚较明显；排水不良的土壤保持深翻效果的年限较短。深翻应结合施肥、灌溉同时进行。

深翻后的土壤，需按土层状况加以处理，通常维持原来的层次不变，就地耕松后掺和有机肥，再将心土放在下部，表土放在表层。有时为了促使心土迅速熟化，也可将较肥沃的表土放置沟底，而将心土覆在上面，但要根据绿化种植的具体情况从事，以免引起不良的副作用。

（二）客土栽培

园林树木有时必须实行客土栽培，主要在以下情况下进行：

1. 树种需要有一定酸度的土壤，而本地土质不合要求时，应将局部地区的土壤全换成酸性土。至少也要加大种植坑，放入山泥、泥炭土、腐叶土等，并混拌有机肥料，以符合酸性树种的要求。

2. 栽植地段的土壤根本不适宜园林树木生长的如坚土、重黏土、沙砾土及被有毒的工业废水污染的土壤等，或在清除建筑垃圾后仍然板结，土质不良，这时亦应酌量增大栽植面，全部或部分换入肥沃的土壤。

（三）培土（壅土、压土与掺沙）

这种改良的方法采用普遍。具有增厚土层，保护根系，增加营养，改良土壤结构等作用。在土层薄的地方也可采用培土的措施，以促进树木健壮生长。

压土掺沙一般在晚秋初冬进行，可起保温防冻、积雪保墒的作用。压土掺沙后土壤熟化、沉实，有利树木的生长。

压土厚度要适宜，过薄起不到压土作用，过厚对树木生育不利，“砂压黏”或“黏压砂”时要薄一些，一般厚度为5~10cm；压半风化石块可厚些，但不要超过15cm。连续多年压土，土层过厚会抑制树木根系呼吸，从而影响树木生长和发育，造成根茎腐烂，树势衰弱。所以，一般压土时，为了防止接穗生根或对根系的不良影响，亦可适当扒土露出根茎。

（四）应用土壤结构剂改良土壤

土壤管理包括松土透气、控制杂草及地面覆盖等工作，本书只介绍下面两种管理措施：

1. 松土透气、控制杂草可以切断土壤表层的毛细管减少土壤水分蒸发，防止土壤泛碱，改良土壤通气状况，促进土壤微生物活动，有利于难溶养分的分解，提高土壤肥力。同时除去杂草可减少水分、养分的消耗并可使游人踏紧的园土恢复疏松，改进通气和水分状态。早春松土还可提高土温，有利于树木根系生长和土壤微生物的活动，清除杂草又可增进风景效果，减少病虫害，作到清洁美观。

松土、除草应在天气晴朗时或者初晴之后，要选土壤不过干又不过湿时进行才可获得最大的保墒效果。松土、除草时不可碰伤树皮，生长在地表的树木浅根，则可适当削断。对新栽2~3年生的风景林木，每年应该松土除草2~3次。松土深度，大苗6~9cm，小苗3cm。

松土、除草对园林花木生长有密切关系。对于人流密集地方的树木每年应松土1~2次以疏松土壤，改善土壤通气状况。

人工清除杂草，劳力花费太多又非常劳累。因此，化学除草剂的应用广受重视。

2. 地面覆盖与地被植物利用有机物或活的植物体覆盖土面，可以防止或减少水分蒸发，减少地面径流，增加土壤有机质。调节土壤温度，减少杂草生长，为树木生长创造良好的环境条件。若在生长季进行覆盖，以后把覆盖的有机物随即翻和土中，还可增加土壤有机质，改善土壤结构，提高土壤肥力。覆盖的材料以就地取材，经济适用为原则，如树叶、树皮、锯屑、马粪、泥炭等均可应用。在大面积粗放管理的园林中还可将草坪上或树旁刈割下来的草头随手堆于树盘附近，用以进行覆盖。一般对于幼龄的园林树木或草地疏林的树木，仅在树盘下进行覆盖，覆盖的厚度通常以3~6cm为宜，鲜草5~6cm，过厚会有不利的影响，一般均在生长季节土温较高而较干旱时进行土壤覆盖。

地被植物可以是紧伏地面的多年生植物，也可以是一二年生的较高大的绿肥作物，如绿豆、苜蓿、苕子、豌豆、蚕豆、草木樨等。前者除覆盖作用之外，还可以减少尘土飞扬，增加园景美观，又可占据地面竞争掉杂草，降低园林树木养护的工本。后者除覆盖作用之外还可在开花期翻入土内，起到施肥的效用。对地被植物的要求是适应性强，有一定的耐阴力，覆盖作用好，繁殖容易，与杂草竞争的能力强，但与树木矛盾不大，同时还要有一定的观赏或经济价值。

第二节 树木的施肥

一、施肥

根据园林树木生物学特性和栽培的要求与条件，其施肥的特点是：第一，园林树木是多年生植物，长期生长在同一地点，从肥料种类来说应以有机肥为主，同时适当施用化学肥料，施肥方式以基肥为主，基肥与追肥兼施。其次，园林树木种类繁多，作用不一，观赏、防护或经济效用互不相同。因此，就反映在施肥种类、用量和方法等方面的差异。在这方面各地经验颇多，需要系统地分析与总结。园林树木生长地的环境条件是很悬殊的，有荒山、荒地，又有平原肥土，还有水边低湿地及建筑周围等，这样更增加了施肥的困难，应根据栽培环境特点采用不同的施肥方式。同时，园林中对树木施肥时必须注意园容的美观，避免发生恶臭有碍游人的活动，应做到施肥后随即覆土。

（一）施肥时应注意的事项

1. 掌握树木在不同物候期内需肥的特性

树木在不同物候期需要的营养元素是不同的。在充足的水分条件下，新梢的生长很大程度取决于氮的供应，其需氮量是从生长初期到生长盛期逐渐提高。随着新梢生长的结束，植物的需氮量尽管有很大程度的降低，但蛋白质的合成仍在进行。树干的加粗生长一直延续到秋季。并且，植物还在迅速地积累对次春新梢生长和开花有着重要作用的蛋白质以及其他营养物质。所以，树木在整个生长期都需要氮肥，但需求量有所不同。

在新梢缓慢生长期，除需要氮、磷外，也还需要一定数量的钾肥。在此时期内树木的营养器官除进行较弱的生长外，主要是在植物体内进行营养物质的积累。叶片加速老化，为了使这些老叶还能维持较高的光合能力，并使植物及时停止生长和提高抗寒力，此期间除需要氮、磷外，充分供应钾肥是非常必要的。在保证氮、钾供应的情况下，多施磷肥可以促使芽迅速通过各个生长阶段，有利于分化成花芽。

开花、坐果和果实发育时期，植物对各种营养元素的需要都特别迫切，而钾肥的作用更为重要。在结果的当年，钾肥能加强植物的生长和促进花芽分化。

树木在春季和夏初需肥多，但在此时期内由于土壤微生物的活动能力较弱，土壤内可供吸收的养分恰处在较少的时期。解决树木在此时期对养分的高度需求和土壤中可供给养分含量较低之间的矛盾，是土壤管理和施肥的任务之一。

树木生长的后期，对氮和水分的需要一般很少，但在此时，土壤所供吸收的氮及土壤水分却很高。所以，此时应控制灌水和施肥。了解树木在不同物候期对各种营养元素的需要，对控制树木生长与发育和制定行之有效的施肥方法非常重要。

2. 掌握树木吸肥与外界环境的关系

树木吸肥不仅决定于植物的生物学特性，还受外界环境条件（光、热、气、水、土壤反应、土壤溶液的浓度）的影响。光照充足，温度适宜，光合作用强，根系吸肥量就多；如果光合作用减弱，由叶输导到根系的合成物质减少了，则树木从土壤中吸收营养元素的速度也变慢。而当土壤通气不良时或温度不适宜时，同样也会发生类似的现象。

土壤水分含量与发挥肥效有密切关系，土壤水分亏缺，施肥有害无利。由于肥分浓度过高，树木不能吸收利用而遭毒害。积水降低肥料利用率。因此，施肥应根据当地土壤水分变化规律或结合灌水施肥。

土壤的酸碱度对植物吸肥的影响较大。在酸性反应的条件下，有利于阴离子的吸收，而碱性反应的条件下，有利于阳离子的吸收。在酸性反应的条件下，有利于硝态氮的吸收；而中性或微碱性反应，则有利于铵态氮的吸收，即在pH7时，有利于铵态氮的吸收；pH5~6时，有利于硝态氮的吸收。

土壤的酸碱反应除了对吸肥有直接的作用外，还能影响某些物质的溶解度（如在酸性条件下，提高磷酸钙和磷酸镁的溶解度。在碱性条件下，降低铁、硼和铝等化合物的溶解度），因而也间接地影响植物对营养物质的吸收。

3. 掌握肥料的性质

肥料的性质不同，施肥的时期也不同，易流失和易挥发的速效性或施后易被土壤固定的肥料，如碳酸氢铵、过磷酸钙等宜在树木需肥前施入；迟效性肥料如有机肥料，因需腐烂分解矿质化后才能被树木吸收利用，故应提前施用。同一肥料因施用时期不同而效果不一样，因此，肥料应在经济效果最高时期施入，应结合树木营养状况、吸肥特点、土壤供肥情况以及气候条件等综合考虑，才能收到较好的效果。

（二）基肥的施用时期

在生产上，施肥时期一般分基肥和追肥。基肥施用时期要早，追肥要巧。树木早春萌芽、开花和生长，主要是消耗树体贮存的养分。树体贮存的养分丰富，可提高开花质量和坐果率，有利枝条健壮生长，叶茂花繁、增加观赏效果。树木落叶前是积累有机养分的时期，这时根系吸收强度虽小，但是时间较长，地上部制造的有机养分以贮藏为主，为了提高树体的营养水平，多在秋分前后施入基肥，但时间宜早不宜晚，尤其是对观花、观果及从南方引入的树种，更应早施。施得过迟，使树木生长不能及时停止，降低树木的越冬能力。

基肥是在较长时期内供给树木养分的基本肥料，所以宜施迟效性有机肥料，如腐殖酸类肥料、堆肥、厩肥、圈肥以及作物秸秆、树枝、落叶等，使其逐渐分解，供树木较长时间吸收利用大量元素和微量元素。

基肥分秋施和春施，秋施基肥正值根系秋季生长高峰，伤根容易愈合并可发出新根，结合施基肥如能再施入部分速效性化肥以增加树体积累，提高细胞液浓度从而增强树木的越冬性，并为次年生长和发育打好物质基础。增施有机肥可提高土壤孔隙度，使土壤疏松，有利于土壤积雪保墒，防止冬春土壤干旱，并可提高地温，减少根际冻害。秋施基肥，有机质腐烂分解的时间较充分，可提高矿质化程度，次春可及时供给树木吸收和利用，促进根系生长。

春施基肥，因有机物没有充分分解，肥效发挥较慢，早春不能及时供给根系吸收，到生长后期肥效发挥作用，往往会造成新梢二次生长，对树木生长发育不利。特别是对某些观花、观果类树木的花芽分化及果实发育不利。

（三）追肥的施用时期

追肥又叫补肥。根据树木一年中各物候期需肥特点及时追肥，以调解树木生长和发育的矛盾。追肥的施用时期，在生产上分前期追肥和后期追肥。前期追肥又分为开花前追肥、落花后追肥、花芽分化期追肥。具体追肥时期则与树种、品种及树龄等有关，要依据各物候期特点进行追肥。对观花、观果树木而言花后追肥与花芽分化期追肥比较重要，尤以落花后追肥更为重要，而对于牡丹等开花较晚的花木，这2次肥可合为1次。同时，花前追肥和后期追肥常与基肥施用相隔较近，条件不允许时则可以省去。牡丹花前必须保证施1次追肥。因此，对于一般初栽2~3年内的花木、庭荫树、行道树及风景树等，每年在生长期进行1~2次追肥实为必要，至于具体时期则需视情况合理安排，灵活掌握。

二、肥料的用量

施肥量受树种、土壤的肥效、肥料的种类以及各个物候期需肥情况等多方面的影响。因此，很难确定统一的施肥量。以下几点原则，可供决定施肥量的参考。

（一）根据不同树种而异

树种不同，对养分的要求也不一样，如樟树、牡丹等树种喜肥沃土壤；沙棘、刺槐、油松、臭椿、山杏等则耐瘠薄的土壤。开花结果多的大树应较开花结果少的小树多施肥，树势衰弱的也应多施肥；不同的树种施用的肥料种类也不同。幼龄针叶树不宜施用化肥。施肥量过多或不足，对树木生长发育均有不良影响。施肥量既要符合树体要求，又要以经济用肥为原则。

（二）根据对叶片的分析而定施肥量

树叶所含的营养元素量可反映树体的营养状况，应用叶片分析法来确定树木的施肥量。用此法不仅能查出肉眼见得到的症状，还能分析出多种营养元素的不足或过剩，以及能分辨两种不同元素引起的相似症状，而且能在病症出现前及早测知。

此外，进行土壤分析对于确定施肥量的依据更为科学和可靠。现在利用普通计算机和电子仪器等，可很快测出很多精确数据，使施肥量的理论计算成为现实。

三、施肥的方法

（一）土壤施肥

施肥效果与施肥方法有密切关系，而土壤施肥方法要与树木的根系分布特点相适应。把肥料施在距根系集中分布层稍深、稍远的地方，以利于根系向纵深扩展，形成强大的根系，扩大吸收面积，提高吸收能力。

具体施肥的深度和范围与树种、树龄、土壤和肥料性质有关。如油松、银杏等树木根系强大，分布较深远，施肥宜深，范围也要大一些；根系浅的刺槐及矮化砧木施肥应较浅；幼树根系浅，根分布范围也小，一般施肥范围小而浅；随树龄增大，施肥时要逐年加深和扩大施肥范围，以满足树木根系不断扩大的需要。沙地、坡地岩石缝易造成养分流失，施基肥要深些，追肥应在树木需肥的关键时期及时施入，每次少施，适当增加次数，即可满足树木的需要又减少了肥料的流失。各种肥料元素在土壤中移动的情况不同，施肥深度也不一样，如氮肥在土壤中的移动性较强，即使没施也可渗透到根系分布层内被树木吸收，钾肥的移动性较差，磷肥的移动性更差，所以，宜深施至根系分布最多处。同时，由于磷在土壤中易被固定，为了充分发挥肥效，施过磷酸钙或骨粉时应与圈肥、厩肥、人粪尿等混合堆积，腐熟效果较好。基肥因发挥肥效较慢应深施，追肥肥效较快，则宜浅施，供树木及时吸收。具体施肥方法有环状施肥、放射沟施肥、条沟状施肥、穴施、撒施、水施等。

（二）根外追肥

根外追肥也叫叶面喷肥，此种施肥方法简单易行，用肥量小，发挥作用快，可及时满足树木的需要，并可避免某些肥料元素在土壤中的化学和生物的固定作用。尤以在缺水季节或缺水地区以及不便施肥的地方，均可采用此法。但叶面喷肥并不能代替土壤施肥。据报道，叶面喷氮素后，仅叶片中的含氮量增加，其他器官的含量变化较小，这说明叶面喷氮在转移上还有一定的局限性。而土壤中施肥的肥效持续期长，根系吸收后，可将肥料元素分送到各个器官，促进整体生长；同时，向土壤中施有机肥后，又可改良土壤，改善根系环境，有利于根系生长。但是土壤施肥见效慢，所以，土壤施肥和叶面喷肥各具特点，可以互补不足，如能运用得当，可发挥肥料的最大效用。

叶面喷肥主要是通过叶片上的气孔和角质层进入叶片，而后运送到树体内和各个器官。一般喷后15~120min即可被树木叶片吸收利用。但吸收强度和速度则与叶龄、肥料成分、溶液浓度等有关。由于幼叶生理机能旺盛，气孔所占面积较老叶大，因此较老叶吸收快。叶背较叶面气孔多，且叶背表皮下具有较松散的海绵组织，细胞间隙大而多，有利于渗透和吸收。因此，一般幼叶较老叶，叶背较叶面吸水快、吸收率也高。所以在实际喷布时一定要把叶背喷匀喷到，使之有利于树木吸收。

同一元素的不同化合物，进入叶内的速度不同。如硝态氮在喷后15min可进入叶内，而铵态氨则需2h；硝酸钾经1h进入叶内，而氯化钾只需30min；硫酸镁要30min，氯化镁只需15min。溶液的酸碱度也可影响渗入速度，如碱性溶液的钾渗入速度较酸性溶液中的钾渗入速度快。此外，溶液浓度浓缩得快慢，气温、湿度、风速和植物体内的含水状况等条件都与喷施的效果有关。可见，叶面喷肥必须掌握树木吸收的内外因素，才能充分发挥叶面喷肥的效果。一般喷前先做小型试验，然后再大面积喷布。喷布时间最好在10~16时以后，以免气温高，溶液很快浓缩，影响喷肥效果或导致药害。

第三节　树木的灌水与排水

一、树木灌水与排水的原则

（一）树种不同、栽植年限不同则灌水和排水的要求不同

园林树木是园林绿化的主体，数量大、种类多，各种类对水的需求不一致，因此应区别对待。例如观花树种，特别是花灌木的灌水量和灌水次数均比一般的树种要多。对于耐干旱的树种，则灌水量和次数均少，有很多地方因为水源不足，劳力不够，则灌水不足。但应该了解耐干旱的不一定常干，喜湿者也不一定常湿，应根据四季气候不同，注意经常相应变更，对于不同树种相反方面的抗性情况也应掌握，如非常抗旱的紫穗槐，其耐水力也很强。而刺槐同样耐旱，但却不耐水湿。总之，应根据树种的习性而浇水。

不同栽植年限灌水次数也不同。刚刚栽种的树一定要灌4~5次水，方可保证成活。土质不好的地方或树木因缺水而生长不良以及干旱年份，均应视具体情况浇水。对于新栽常绿树，尤其常绿阔叶树，常常在早晨向树上喷水，有利于树木成活。

此外，树木是否缺水，需要不需要灌水，比较科学的方法是进行土壤含水量的测定。很多园艺工作者凭多年的经验，例如，早晨看树叶上翘或下垂，中午看叶片萎蔫与否及其程度轻重，傍晚看恢复得快慢等。

对于垂柳、旱柳、紫穗槐等均系能耐3个月以上深水淹浸，是耐水力最强的树种，即使被淹，短时期内不排水也问题不大。

（二）根据不同的土壤情况进行灌水和排水

灌水和排水除应根据气候、树种外，还应根据土壤种类、质地、结构以及肥力等而灌水。盐碱地就要“明水大浇”“灌耪结合”，即灌水与中耕松土相结合，最好用河水灌溉。对沙地种的树木灌水时，因沙土容易漏水，保水力差，灌水次数应当增加，应小水勤浇，并施有机肥增加保水、保肥性。低洼地也要小水勤浇，注意不要积水，并应注意排水防碱。较黏重的土壤保水力强，灌水次数和排水量应当减少，并施入有机肥和河沙增加通透性。

（三）灌水应与施肥、土壤管理等相结合

在全年的栽培养护工作中，灌水应与其他技术措施密切结合，以便在互相影响下更好地发挥每个措施的积极作用。例如，灌溉与施肥应做到“水肥结合”，这是十分重要的。特别是施化肥的前后应该浇透水，既可避免肥力过大、过猛，影响根系吸收遭毒害，又可满足树木对水分的正常要求。

此外，灌水应与中耕除草、培土、覆盖等土壤管理措施相结合。因为灌水和保墒是一个问题的两个方面，保墒做得好可以减少土壤水分的消耗，满足树木对水分的要求并减少经常灌水之烦。加强土壤管理，勤于锄地保墒，从而保证树木的正常生长发育，减少了旱涝灾害与其他不良影响。

（四）不同时期对灌水的要求有所不同

春季干旱多风。也是树木生长发育的旺盛时期，需水量较大，在这个时期要注意多灌水，灌水次数应根据不同树种而定。如月季、牡丹等名贵花木在此期间只要见土干就应灌水，而对于其他花灌木可以粗放一些。但是对于所有树木都要浇灌返青水。

夏季浇水视干燥情况而定，遵循“见干见浇，浇则浇透”的原则。

秋季（9~10月上旬）应该使树木组织生长更充实，充分木质化，增强抗性，准备越冬。因此在一般情况下，不应再灌水，以免引起徒长。但如过于干旱也可适量灌水，特别是对于新栽的苗木和在重点布置区的树木，以避免树木因为过于缺水而萎蔫。

10月下旬至12月树木已经停止生长，为了使树木很好越冬，不会因为冬季干旱而受害，所以要在越冬前浇灌封冻水。

二、树木的灌水

（一）灌水的时期

灌水时期由树木在一年中各个物候期对水分的要求、气候特点和土壤水分的变化规律等决定，除定植时要浇大量的定根水外，大体上可以分为休眠期灌水和生长期灌水两种：

1. 休眠期灌水

是在秋冬和早春进行。因为冬春严寒又干旱，因此休眠期灌水非常必要。秋末或冬初的灌水一般称为灌“冻水”或“封冻”水。冬季结冰，放出潜热有提高树木越冬的能力，并可防止早春干旱，故这次灌水是不可缺少的；对于边缘树种、越冬困难的树种，以及幼年树木等，浇冻水更为必要。

早春灌水，不但有利于新梢和叶片的生长并且有利于开花与坐果。早春灌水促使树木健壮生长，是花繁果茂的一个关键。

2. 生长期灌水

分为花前灌水、花后灌水、花芽分化期灌水。

花前灌水：早春干旱和多风，及时灌水补充土壤水分的不足，是解决树木萌芽、开花、新梢生长和提高坐果率的有效措施。同时还可以防止春寒、晚霜的为害。盐碱地区早春灌水后进行中耕还可以起到压碱的作用。花前灌水可在萌芽后结合花前追肥进行。花前灌水的具体时间，要因地、因树种而异。

花后灌水：多数树木在花谢后半个月左右是新梢迅速生长期，如果水分不足则抑制新梢生长。果树此时如缺少水分则易引起大量落果。尤其酒泉各地春天风多，地面蒸发量大，适当灌水以保持土壤适宜的湿度。前期可促进新梢和叶片生长，扩大同化面积，增强光合作用，提高坐果率和增大果实。同时，对后期的花芽分化有一定的良好作用。没有灌水条件的地区，也应积极做好保墒措施，如盖草、盖沙等。

花芽分化期灌水：此次灌水对观花、观果树木非常重要，因为树木一般是在新梢生长缓慢或停止生长时，花芽开始形态分化。此时也是果实迅速生长期，需要较多的水分和养分，若水分不足，则影响果实生长和花芽分化。因此，在新梢停止生长前及时而适量地灌水，可促进春梢生长而抑制秋梢生长，有利花芽分化及果实发育。干旱年份、土质不好或因缺水生长不良者应增加灌水次数。

（二）灌水量

灌水量同样受多方面因素影响：不同树种、品种、砧木、不同的土质、不同的气候条件、不同的植株大小以及不同的生长状况等，都与灌水量有关。在有条件灌溉时，即灌饱灌足，切忌表土打湿而底土仍然干燥。一般已达花龄的乔木，大多应浇水令其渗透到80~100cm深处。适宜的灌水量一般以达到土壤最大持水量的60%~80%为标准。

根据不同土壤的持水量、灌溉前的土壤湿度、土壤容重要求土壤浸湿的深度，计算出一定面积的灌水量，即：

灌水量=灌溉面积×土壤浸湿深度×土壤容重×（田间持水量-灌溉前土壤湿度）

灌溉前的土壤湿度，每次灌水前均需测定，田间持水量、土壤容重、土壤浸湿深度等项，可数年测定一次。

应用此公式计算出的灌水量，还可根据树种、品种、不同生命周期、物候期以及日照、温度、风、干旱持续的长短等因素进行调整，酌量增减，以更符合实际需要。

（三）灌水的方式和方法

正确的灌水方式可使水分均匀分布，节约用水，减少土壤冲刷，保持土壤的良好结构，并充分发挥水效。常用的方式有下列几种：

1. 人工浇水

在山区及离水源过远处，人工挑水浇灌虽然费工多而效率低，但仍很必要。浇水前应松土，并做好水穴（堰），深15~30cm，大小视树龄而定，以便灌水。有大量树木要灌溉时，应根据需水程度的多少依次进行，不可遗漏。

2. 地面灌水

这是效率较高的常用方式，可利用河水、井水、塘水等，灌溉大面积树木，又分畦灌、沟灌、漫灌等。畦灌时先在树盘外做好畦埂，灌水应使水面与畦埂相齐。待水渗入后及时中耕松土。这个方式普遍应用，能保持土壤的良好结构；沟灌是用高畦低沟的方式，引水沿沟底流动浸润土壤，待水分充分渗入周围土壤后，不致破坏其结构，并且方便实行机械化；漫灌是大面积的表面灌水方式，因用水极不经济，很少采用。

3. 地下灌水

即滴管，是利用埋设在地下的管道输水和滴头，水从滴头的孔眼中渗出浸润管道周围的土壤，用此法灌水不致流失或引起土壤板结，便于耕作，较地面灌水优越，节约用水，但要求设备条件较高，在碱土中需注意避免“泛碱”。

4. 喷灌

喷灌有以下优点：

（1）喷灌基本上不产生深层渗漏和地表径流，因此可节约用水，一般可节约用水20%以上，对渗漏性强、保水性差的沙土可节省用水60%~70%。

（2）减少对土壤结构的破坏，可保持原有土壤的疏松状态。

（3）调节公园及绿化区的小气候，减免低温、高温、干风对树木的伤害，使对植物产生最适宜的生理作用，从而提高树木的绿化效果。

（4）节省劳力，工作效率高。便于田间机械作业的进行，为施化肥、喷农药和喷除草剂等创造条件。

（5）对土地平整的要求不高，地形复杂的山地亦可采用。

（6）喷灌可以使果实着色好，因为喷灌可以降低气温。

喷灌也有以下缺点：

（1）有可能加重树木感染白粉病和其他真菌病害。

（2）在有风的情况下，喷灌难做到灌水均匀。在3~4级风力下喷灌用水因地面流失和蒸发损失可达10%~ 40%。

（3）喷灌设备价格高，投资较大。

第六章　园林绿化植物病虫害防治

园林绿化植物在生长过程中都会遭到多种自然灾害的危害，其中病虫害尤为普遍，轻者使植株生长发育不良，降低观赏价值，影响园林景观，重则引起品种退化，植株死亡，降低绿地的质量和绿化的功能。为了有效提高园林绿化植物价值，园林绿化植物病虫害防治中应贯彻预防为主，科学治理，依法监管，强化责任的基本原则，加大营林措施，积极营造混交林，优先推广抗性较强的乡土树种和良种，做到“勤观察、早发现、早防治”，避免大面积发生。

目前，酒泉市绿化树种常见病虫害种类主要有光肩星天牛、春尺蠖、柳厚壁叶蜂、松大蚜、榆绿叶甲、草履蚧、苹果蠹蛾、梨小食心虫、腐烂病、桃树流胶病等19种。

1. 光肩星天牛（图6–1）

鞘翅目，天牛科，蛀干害虫。在酒泉2年1代。卵壳内发育完全的幼虫、蛹均能越冬。主要危害杨、柳、榆、槐树的树干，一生绝大多数时间在树干内生活，隐蔽性强，生活环境稳定，不易发现，防治难度大。

图6–1　光肩星天牛

防治方法：一是物理防治，人工砸卵，在6月下旬至8月底成虫出现产卵期，用小刀剥除或把卵砸破，刮皮地方要涂上康复剂，以防病菌侵入；二是天敌防治，主要通过人工引进和保护光肩星天牛的天敌——啄木鸟来控制危害；三是药剂防治，药剂喷雾防治，在6月中、下旬成虫羽化前到8月中、下旬，对危害树木喷施3%噻虫啉微囊悬浮剂1200~1500倍液、3%高效氯氰菊酯微囊悬浮剂600~800倍液药剂进行防治；树干注药防治，光肩星天牛羽化前一周左右，在树干0. 6~1m处，斜向下45° 打孔至木质部，将10%吡虫啉乳油原液注入树干，注药量按打孔注药，株胸径1ml/cm的量注入，注药孔沿树干周围平均分布。

2. 芳香木蠹蛾（图6–2）

鳞翅目，木蠹蛾科，蛀干性害虫。寄主于杨、柳、榆、槐等。幼虫孵化后，蛀入皮下取食韧皮部和形成层，以后蛀入木质部，向上向下穿凿不规则虫道。成虫体灰乌色，触角扁线状，头、前胸淡色横纹。卵近圆形，初产时白色，孵化前暗褐色。2~3年1代，以幼龄幼虫在树干内及末龄幼虫在附近土壤内结茧越冬。5~7月产卵于树皮缝或伤口内，每处产卵十几粒。

图6–2　芳香木蠹蛾

防治方法：一是农业防治，及时发现和清理被害枝干，消灭虫源；树干涂白防止成虫在树干上产卵；二是药剂防治，成虫发生期结合其他害虫的防治，如喷施噻虫啉或高效氯氰菊酯微囊悬浮剂等药剂进行防治；三是保护和利用天敌，如啄木鸟等。

3. 杨干透翅蛾（图6–3）

鳞翅目，透翅蛾科，蛀干性害虫。幼虫蛀害杨树的基部，也侵害树干中部直至上部树干分叉处和根部，在树干基部留下孔状洞穴。严重危害时，树干基部皮层翘裂，木质部直至髓心都被蛀空，致使整个树木枯死或从基部极易风倒、风折。该虫头半球形，头和胸部之间有橙黄色鳞片围绕，头顶有橙黄色鳞片。卵椭圆形，黑色，上有灰白色不规则多角形刻纹。幼虫在枝干隧道内越冬，翌年春季4月上、中旬活动为害，至10月上旬停止取食，第二次越冬。卵始见于5月中旬，多产于叶腋、叶柄、伤口处及有绒毛的幼嫩枝条上。卵细小，不易发现。卵期7~15d。

图6–3　杨干透翅蛾

防治方法：一是加强营林措施，选择对白杨透翅蛾抗虫性较强的杂交树种；二是加强检疫，引进或输出苗木时加强检疫，以杜绝虫源；三是人工防治，及时剪除或削掉蛀屑或小瘤；四是药剂防治，利用防治其他蛀干害虫的噻虫啉悬浮剂等药剂同时进行防治。

4. 春尺蠖（图6–4）

鳞翅目，尺蛾科，是酒泉常发性食叶性害虫，食性杂，1年发生1代，以蛹在树下向阳处越冬。4月中、下旬至5月上旬进入为害高峰期。已成熟的老熟幼虫下树入土化蛹越冬。雄虫具有趋光性。

图6–4　春尺蠖

防治方法：一是人工防治，绑阻隔带，冬季在树干涂毒环、绑塑料带、涂粘虫胶等方法阻止雌虫上树交尾产卵；二是物理防治，灯光诱杀，利用雄虫具有趋光性的特点，于3月底架设频振式杀虫灯监测、诱杀雄虫；三是药剂防治，4月底至5月初用25%灭幼脲、25%的阿维灭幼脲倍或者用1. 8%的阿维菌素、高渗苯氧威喷雾防治2~3龄幼虫。

5. 黄褐天幕毛虫（图6–5）

鳞翅目，枯叶蛾科，俗称“顶针虫”。1年发生1代，以卵在枝条上越冬。5月上旬当树木发叶的时候便开始钻出卵壳，1龄幼虫为害周边叶片，2龄幼虫以后又转移到枝杈处吐丝张网，白天潜伏在网幕内，晚上取食，3~4龄幼虫食量最大，5龄分散活动。

图6–5　黄褐天幕毛虫

防治方法：一是人工防治，人工采卵法，在卵期发动人工剪除黄褐天幕毛虫的卵，焚烧掩埋；二是物理防治，灯光诱杀，6~7月架设频振式杀虫灯进行诱杀黄褐天幕毛虫成虫；三是药剂防治，在5月初至6月上旬天幕毛虫幼虫期，可以利用生物农药或仿生农药，如噻虫啉、阿维菌素、Bt、灭幼脲、烟参碱等以喷雾的方法进行控制虫口密度，降低种群数量，减轻危害程度。

6. 榆绿叶甲（图6–6）

鞘翅目，叶甲科，主要危害榆树。成虫体长7~8. 5mm，宽约4mm，长椭圆形，体黄褐色，鞘翅蓝绿色，有金属光泽。成虫、幼虫均取食榆叶，严重时把叶片啃光，致使提早落叶。在酒泉1年2代，以成虫在土内、石块、枯枝落叶层以及建筑物缝隙中越冬，翌年4月上、中旬越冬成虫开始上树为害。

防治方法：一是农业防治，越冬休眠期清洁林地，清除枯枝落叶、杂草，深翻土地，消灭越冬虫源；二是人工防治，已上树的成虫，利用其假死性，人工震落捕杀；三是药剂防治，4月上旬越冬成虫上树前，用毒笔在树干基部涂2个闭合圈，毒杀并阻止成虫上树；成虫期使用烟碱·苦参碱微胶囊悬浮剂或高效氯氰菊酯微胶囊剂进行药剂防治。

图6-6　榆绿叶甲

7. 柳厚壁叶蜂（图6–7）

膜翅目，叶蜂科，该虫主要危害柳树的叶片。1年发生1代，幼虫孵化后，在叶内啃食叶肉，受害部位逐渐肿起，出现红褐红小虫瘿，幼虫在虫瘿内生活逐渐形成黄绿色虫瘿。以老熟幼虫在树根周围土壤结茧越冬。属孤雌生殖，成虫出现的时间短。次年四月下旬至5月上旬成虫羽化产卵。

图6-7　柳厚壁叶蜂

防治方法：一是人工防治，秋后清除落地虫瘿，并焚烧掩埋，降低越冬基数。二是药剂防治，药剂喷雾防治，在柳树萌芽成虫出现期，用高渗苯氧威、阿维菌素等广谱性生物农药全树喷雾防治，杀灭成虫和新产的卵；药剂灌根防治，采用内吸性药剂、灌根药剂在树木须根最多处，用3%呋喃丹颗粒进行根埋药剂防治也可在树干注药。

8. 柳树黑毛蚜（图6–8）

同翅目，蚜总科，该虫主要危害柳树，繁殖速度快，繁殖量大，危害期长，1年发生十几代。在6～7月的高温季节7天左右发生一代，以卵在树皮树杈等隐蔽处越冬，危害严重，造成卷叶脱落，腋芽及皮层组织损坏，分泌的蜜露掉在树冠下像“油”。

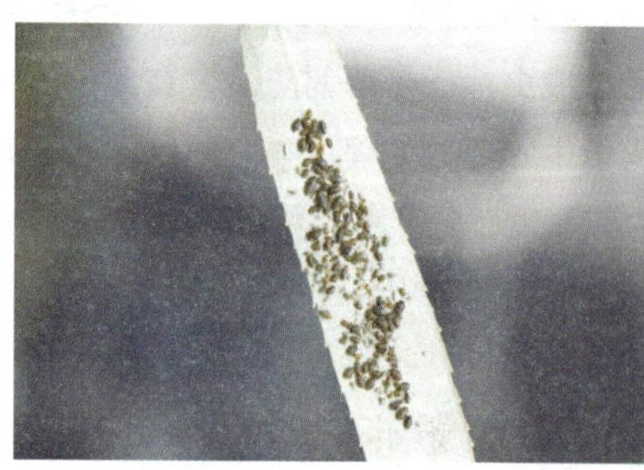

图6-8　柳树黑毛蚜

防治方法：一是物理防治，利用蚜虫趋光性用黄色粘胶板或黄盘幼蚜器诱杀蚜虫；二是药剂防治，在6月上、中旬用抗蚜威等特效农药全树喷雾防治，因该虫世代不整齐可根据危害情况进行防治。

9. 松大蚜（图6–9）

同翅目，蚜总科，主要危害松柏科植物，是油松的重要害虫，同时还危害樟子松、马尾松、雪松和白皮松等。1年能发生十多代。以成、若虫刺吸干、枝汁液，以卵在松针上越冬。秋季严重发生时，松针尖端发红发干，针叶上也有黄红色斑，枯针、落针明显。松大蚜分泌的蜜露易形成煤污病，并落在地上形成厚厚的一层黏液，既影响树木的正常生长，又影响着景观效果。

图6–9　松大蚜

防治方法：一是药剂防治，4月上旬用高渗苯氧威、阿维菌素等广谱性生物农药全树喷雾防治；二是天敌防治，保护和利用天敌，如七星瓢虫、异瓢虫、二星瓢虫、四星瓢虫和十三星瓢虫，进行防治。

10. 柏大蚜（图6–10）

同翅目，大蚜科，又名侧柏大蚜。是公园、绿地、苗圃和庭院柏树上的重要害虫之一，特别对侧柏绿篱和侧柏幼苗危害性极大。主要为害侧柏、圆柏、桧柏等柏属植物。该虫以成蚜、若蚜聚集幼茎表面吸食，被害枝条颜色变淡，生长不良，轻者影响树木生长，重者幼树干枯死亡。嫩枝上虫体密布成层，大量排泄蜜露，引发煤污病。

图6–10　柏大蚜

防治方法：一是物理防治，黄色粘蚜板或频振式杀虫灯诱杀；二是药剂防治，与松大蚜相同；三是天敌防治，与松大蚜相同。

11. 国槐木虱（图6–11）

同翅目，木虱科，成虫体长约3mm，浅绿略带黄色;前翅长椭圆形，中间有主纵脉1条、分枝3个。卵椭圆形，长0. 4~0. 5mm，一端较尖有柄，一端较钝，初产白色透明，孵时一端发黄。若虫体略扁，初孵黄白色，后变绿色，腹部略带黄色。以卵在树皮缝内越冬。4月末至5月初开始活动，多产卵于嫩梢、嫩芽的毛丛中，5月中旬开始孵化，若虫刺吸植物幼嫩部分，并在叶片上分泌大量黏液，诱发煤污病。

图6-11　国槐木虱

防治方法：一是物理防治，黄色粘蚜板或频振式杀虫灯诱杀；二是药剂防治，该虫繁殖量大，世代重叠现象严重，防治的难度大，在危害期用高渗苯氧威等广谱性生物农药喷雾进行防治。

12. 红蜘蛛（图6-12）

蜱螨目，叶螨科，食性杂，危害茄科、葫芦科、豆科、百合科等多种植物。俗称大蜘蛛、大龙、砂龙等。成螨长0.42~0.52mm，体色变化大，一般为红色，梨形，体背两侧各有黑长斑1块。卵圆球形，光滑，越冬卵红色，非越冬卵淡黄色较少。幼螨近圆形，有足3对。越冬代若螨红色，非越冬代若螨黄色，体两侧有黑斑。若螨有足4对，体侧有明显的块状色斑。

图6-12　红蜘蛛

防治方法：一是物理防治，在越冬卵孵化前刮除树皮并集中烧毁，早春进行翻地，清除地面杂草；二是天敌防治，主要利用天敌草蛉、瓢虫捕食螨自然控制；三是药剂防治，发生期使用烟碱·苦参碱或阿维菌素等药剂进行喷雾防治。

13. 草履蚧（图6-13）

同翅目，蚧科，因其外形酷似草鞋底而得名。寄主广泛，主要有梨、苹果、桃、杨、柳、榆、槐等多种林果树木，受害树木若虫分布密度大。其若虫和雌成虫以刺吸式口器刺吸枝干和嫩叶，造成汁液流失、树势衰弱，严重时枝条或整株枯死，大发生时排泄物、分泌物量大，分泌的黏液浸湿树干及地面，极易诱发煤污病。在酒泉1年发生1代，大多以卵在卵囊内于土中越冬，极个别以1龄若虫越冬。越冬卵于翌年2月中旬到3月中旬孵化，随气温升高若虫开始出土上树，沿树干爬至梢部、芽腋或初展新叶的叶腋刺吸为害。

防治方法：一是物理防治，利用成虫下树化蛹、产卵的生活习性，在雄虫化蛹期、雌虫产卵期，利用防虫胶带阻隔带防治害虫；二是天敌防治，保护和利用天敌如瓢虫等；三是药剂防治，发生期喷施3.6%烟碱·苦参碱微胶囊悬浮剂、8%高效氯氰菊酯、8%高氯氟·噻虫胺微胶囊悬浮剂等药剂进行防治。

图6-13　草履蚧

14. 苹果蠹蛾（图6-14）

鳞翅目，卷蛾科，蛀果性害虫。有很强的适应性、抗逆性和繁殖能力，属于国内检疫性林业有害生物，该虫在林间飞行距离短，自身扩散能力较差。在酒泉1年发生2代和一个不完整的第3代，发生代数不同很不整齐。黄昏至清晨交尾，卵单产。树冠上层卵量多，叶上卵多于枝条和果实上，喜产在背风向阳处。有转果为害习性，从蛀果到脱果通常需1个月左右，幼虫老熟后脱果爬到树干裂缝处或地上隐蔽物以及土中结茧化蛹。

图6-14　苹果蠹蛾

防治方法：一是农业防治，清洁果园、刮老翘皮、果实套袋、诱集幼虫；二是物理防治，以迷向丝防治和信息素诱杀雄虫为主；三是药剂防治，可使用阿维灭幼脲、高效氯氰菊酯等药剂。

15. 梨小食心虫（图6-15）

鳞翅目，卷蛾科，蛀果性害虫。成虫多在白天羽化，昼伏夜出，以晴暖天气上半夜活动较盛，有明显的趋光性和趋化性。幼虫孵化后，先在产卵附近啃食果皮，然后蛀果，蛀孔部位未见明显规律。幼虫蛀入果肉内为害，能多次转果为害。果内幼虫老熟后，脱果前先咬一脱果孔，排出少量粪便后

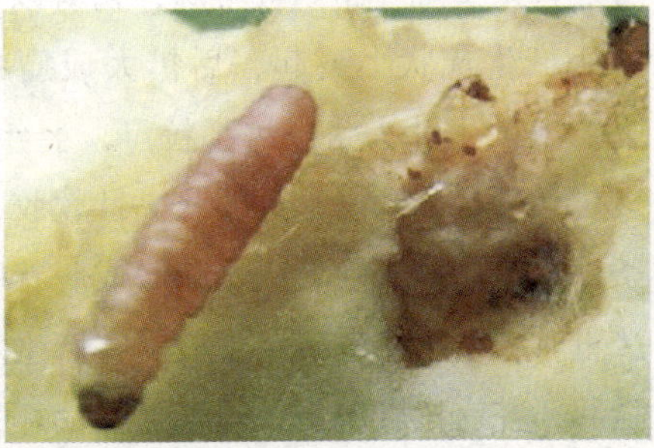

图6-15　梨小食心虫

便脱果，寻找适宜场所静止，继而吐丝做一椭圆形茧化蛹于其中。也有一部分幼虫直接在落果内作茧化蛹。成虫羽化时，常把茧带出土外或果外，蛹壳1/2露出茧外，这是该虫羽化时的一个特点。

防治方法：一是农业防治，冬季时清扫果园落叶落果，刮除老翘皮，集中深埋或烧毁，消灭越冬幼虫；二是物理防治，利用信息素诱杀雄虫为主等；三是药剂防治，在果实5月初和6月上旬喷施阿维灭幼脲、高效氯氰菊酯进行防治。

16. 桃小食心虫（图6–16）

图6–16　桃小食心虫

鳞翅目，蛀果蛾科，又名桃蛀果蛾。为害桃、苹果、梨、花红、山楂和酸枣等。成虫体灰白或灰褐色，雌虫体长5~8mm，翅展13~18mm，雄虫略小。以老熟幼虫结茧在堆果场和土壤中过冬，幼虫在茧内休眠半年多，至翌年6月中旬开始咬破茧壳陆续出土。幼虫出土后就在地面爬行，寻找树干，石块、土块、草根等缝隙处结夏茧化蛹。成虫多在夜间活动、不远飞，常停落在背阴处的果树枝叶及果园杂草上，羽化后2~3d产卵。卵多产于果实的萼洼、梗洼和果皮的粗糙部位。卵7~10d孵化为幼虫，咬破果皮蛀入果内，随后脱出果外，落地入土过冬。

防治方法：同梨小食心虫。

17. 桃树流胶病（图6–17）

图6–17　桃树流胶病

桃树流胶病分侵染性和非侵染性两种类型。侵染性流胶病主要发生在枝干上，也可危害果实。一年生枝染病，初时以皮孔为中心产生疣状小突起，后扩大成瘤状突起物，上散生针头状黑色小粒点，翌年5月病斑扩大开裂，溢出半透明状黏性软胶，后变茶褐色，质地变硬，吸水膨胀成胨状胶体，严重时枝条枯死。多年生枝受害产生水泡状隆起，并有树胶流出，受害处变褐坏死，严重者枝干枯死，树势明显衰弱。果实染病，初呈褐色腐烂状，后逐渐密生粒点状物，湿度大时粒点口溢出白色胶状物。非侵染性流胶病为生理性病害，发病症状与侵染性类似，其发病原因：冻害、病虫害、雹灾、冬剪过重、机械伤口多且大都会引起生理性流胶病发生。此外结果过多，树势衰弱，亦会诱发生理性流胶病发生。

防治方法：一是农业防治，加强肥水管理，增施有机肥，科学修剪，生长季节及时疏枝回缩，冬季修剪少疏枝，减少枝干伤口，并及时涂抹愈伤防腐膜；二是药剂防治，在发芽前喷施杀菌剂杀灭活动的病菌，或在生长季喷施戊唑醇悬浮剂等药剂进行防治。

18. 柳树腐烂病（图6–18）

又称柳树烂皮病是毁灭性的枝干病害。病菌属于子囊菌纲，球壳菌目，腐皮壳科，枝干受害后，最初出现水肿状病斑，颜色由浅变深，渐变为黄褐色，层层腐烂变软至木质部，病斑稍下陷。不久病斑上出现许多黑色小点，即病菌的分生孢子器，当空气湿度大时，黑色小点处分泌出杏黄色丝状孢子角，从孢子角里放出病菌孢子，随风传播，再进行侵染为害。

图6–18　柳树腐烂病

防治方法：一是农业防治，及时清除病枝、干，刮除病斑，加强树体管理，增强树势，合理修剪，适量灌水；二是药剂防治，树干涂白，每年春、秋两季，对树木进行树干涂白，防治病菌侵入，刮除病斑，树体发病后用小刀将病斑刮除，范围应到健康树皮为界处，然后再涂刷药剂，可使用微生物发酵液，或甲基托布津、5度石硫合剂涂刷病斑。

19. 国槐腐烂病（图6–19）

国槐腐烂病又称国槐溃疡病一般由两种病菌为害，一种为镰刀菌属半知菌类，丛梗孢目，多自叶痕侵入；第2种为小穴壳菌，属半知菌类，球壳孢目，多自皮孔侵入。两种病原菌引起发病部位相同，均可从断枝、修剪伤口、害虫危害伤口或死亡的芽等处侵入。在雨天或雾天等潮湿天气排出孢子角，

图6–19　国槐腐烂病

孢子借风、雨水和昆虫传播、传染。该病害多发生在幼苗或1～5年生幼树之绿色枝干及大树1～2年生绿色小枝上。病斑初为近圆形，褐色水渍状，渐发展为梭形，树皮稍下陷，呈典型的湿腐状；病斑继续扩展可包围树干，使上部枝干枯死。后期病斑上出现橘红色的分生孢子堆。若病斑未能环切枝干，则当年能愈合，且一般无再发现象。

防治方法：同柳树腐烂病。

第二部分　各　论

第七章　乔木类园林绿化植物

第一节　落叶乔木

1. 国槐（图7-1）

别名：槐树、豆槐、白槐、细叶槐、金药材、护房树、槐树、家槐、六年香

拉丁名：*Sophora japonica* L.

科：豆科

属：槐属

形态特征：干皮暗灰色，小枝绿色，皮孔明显。奇数羽状复叶长 15~25cm，小叶较小，树冠浓密，叶轴有毛，基部膨大；小叶 9~15 片，卵状长圆形，长 2. 5~7. 5cm，宽 1. 5~5cm，顶端渐尖而有细突尖，基部阔楔形，下面灰白色，疏生短柔毛。圆锥花序顶生；萼钟状，有 5 小齿；花冠乳白色，旗瓣阔心形，有短爪，并有紫脉，翼瓣龙骨瓣边缘稍带紫色；雄蕊 10 条，不等长。荚果肉质，串珠状，长 2. 5~20cm，无毛，不裂；种子 1~15 颗，肾形。花果期 6~11 月。

图7-1　国槐

生态习性：国槐，性耐寒，喜阳光，稍耐阴，不耐阴湿而抗旱，在低洼积水处生长不良，深根，对土壤要求不严，较耐瘠薄，石灰及轻度盐碱地（含盐量 0. 15% 左右）上也能正常生长。但在湿润、肥沃、深厚、排水良好的沙质土壤上生长最佳。耐烟尘，能适应城市街道环境。病虫害不多。寿命长，耐烟毒能力强。

繁育方式：扦插繁殖和播种繁殖。

观赏特性与园林用途：中国庭院常用的特色树种。速生性较强，材质坚硬，有弹性，纹理直，易加工，耐腐蚀，花蕾可作染料，果肉能入药，种子可作饲料等。又是防风固沙、用材及经济林兼用的树种，是城乡良好的遮荫树和行道树种。宜列植，对二氧化硫、氯气、氯化氢等有害气体和烟尘的抗性强。是城市绿化行道树和用材的优良树种。

药用价值：槐花性凉味苦，有清热凉血、清肝泻火、止血的作用。它含芦丁、槲皮素、槐二醇、维生素A等物质。芦丁能改善毛细血管的功能，保持毛细血管正常的抵抗力，防止因毛细血管脆性过大，渗透性过高引起的出血、高血压、糖尿病，服之可预防出血；槐实能止血、降压；将槐树枝切成小段，煎至药液旺绿色，先熏后洗痔疮处，具有良好的治疗效果。

2. 龙爪槐（图7–2）

拉丁名：*Yar. pendula* loud.

科：豆科

属：槐属

形态特征：系国槐的芽变品种，落叶乔木。树冠可修剪成伞状、球状、圆柱状、长廊状、塔状、匍匐状、亭形，形态优美，枝条构成盘状，上部盘曲如龙，老树奇特苍古。树势较弱，主侧枝差异性不明显，大枝弯曲扭转，小枝下垂，冠层可达50~70cm厚，层内小枝易干枯，枝条柔软下垂。

图7–2　龙爪槐

生态习性：龙爪槐喜光，稍耐阴。能适应干冷气候。喜生于土层深厚，湿润肥沃、排水良好的沙质壤土。深根性，根系发达，抗风力强，萌芽力亦强，寿命长。对二氧化硫、氟化氢、氯气等有毒气体及烟尘有一定抗性。

繁育方式：以国槐为砧木嫁接。

观赏特性与园林用途：龙爪槐观赏价值很高，叶、花供观赏，其姿态优美，是优良的园林树种。宜孤植、对植、列植。自古以来，多对称栽植于庙宇、所堂等建筑物两侧，以点缀庭园。节日期间，若在树上配挂彩灯，则更显得富丽堂皇。若采用矮干盆栽观赏，使人感觉柔和潇洒。开花季节，米黄花絮布满枝头，似黄伞蔽目，则更加美丽可爱。

3. 金叶槐（图7-3）

科：豆科

属：槐属

形态特征：金叶槐为国槐的一个新变种，由国槐芽变选育而成。小枝浅绿色，奇数羽状复叶互生，叶片金黄色，长15~20cm，小叶5~15枚，长2.5~7.5cm，宽1.2~3cm；卵形或椭圆形，全缘。枝条在生长到50~80cm时出现较强的下垂性。落叶后枝条呈半黄半绿，向阳面为黄色，背阴面为绿色。金叶槐叶片在整个生长季叶色均为金黄色，远看似满树金花，十分美丽，具有很高的观赏价值。通过近几年的观察，金叶槐表现出了相当稳定的生长性状。其习性与国槐基本相同，年生长量略低于国槐。

图7-3　金叶槐

生态习性：喜深厚、湿润、肥沃、排水良好的沙壤，对二氧化硫、氯气、氯化氢及烟尘等抗性很强。抗风力也很强。

繁育方式：以国槐为砧木嫁接。

观赏特性与园林用途：是优良的城市绿化及公路绿化树种。它高贵、金黄、华丽的身姿，是受众人追捧的彩叶树种之一。主要用于道路绿化、小区绿化、公园绿化、庭院绿化。

4. 金枝槐（图7-4）

别名：黄金槐、金丝槐

拉丁名：*Sophora japonica* L.

科：豆科

属：槐属

形态特征：金枝槐树茎、枝一年生为淡绿黄色，入冬后渐转黄色，二年生的树茎、枝为金黄色，树皮光滑；叶互生，6~16片组成羽状复叶，叶椭圆形，长2.5~5cm，光滑，淡黄绿色。树干直，树形自然开张，枝态苍劲挺拔，树繁叶茂；主侧根系发达。

生态习性：耐旱能力和耐寒力强，耐盐碱，耐瘠薄，在酸性到碱地均能生长良好。

繁育方式：金枝槐一般采用国槐为砧木嫁接繁殖。

观赏特性与园林用途：金枝槐不仅具有四季景观观赏价值，且因生态学特性使其在和其他树种混交中具有提高群体的稳定性和良好的成景作用。园林绿化中用途颇广，是道路、风景区等园林绿化的珍品，不可多得的彩叶树种之一。在景观配置上既可做主要树种又可做混交树种，适用孤植、丛植、群植等各种方式种植效果的景观配置。在湖滨堤岸与垂柳、枫树、桃树等花木相搭配，使湖光倒影更显灿烂美观。

图7-4 金枝槐

5. 香花槐（图7-5）

别名：富贵树

拉丁名：Sophora japonica L.

科：豆科

属：槐属

形态特征：香花槐花朵大、花形美、花量多、花期长，每株成树开 200~500 朵花，每年盛花期，一串串红色花朵，色泽极为艳丽，芳香典雅，独具特色，具有较高的观赏价值，香花槐又是营造速生丰产林的优良树种。香花槐成树高 10~16m，生长快是普通刺槐的 2~3 倍。树皮褐至灰褐色，叶互生，叶美光滑，深绿色，叶长 6~11cm，比刺槐叶大；花红色，浓郁芳香，密生成总状花序，长 8~16cm；枝叶茂盛，树冠自然开张，树形美观。

图7-5 香花槐

生态习性：香花槐喜光、耐寒，能抗 –33℃低温，耐干旱瘠薄，耐盐碱，能吸声，病虫害少，抗病力强，根系发达，萌芽、根蘖性强，保持水土能力强。

繁育方式：主要繁育方式有根繁、硬枝扦插、嫁接（刺槐砧木）。

观赏特性与园林用途：香花槐树形优美、枝叶繁茂、花簇靓丽、花香典雅，一身天地灵气，颇富木本花卉之风采，是观叶赏花植物中的园林绿化极品；对多种有害气体抗性强、抗烟尘、对城市不良环境有耐性，净化能力大，对城市环境污染中的二氧化硫、氯气、氮氧化物、烟雾等有明显的抵抗能力。叶片对空气中的粉尘及二氧化硫有吸收功能。花蕊中散发的蜜质香气，对高血压、贫血等血管病患者有很好的缓解症状的作用。是园林、道路、风景区和城市乡村等绿化的珍品。

6. 红花槐（图7-6）

别名：江南槐

拉丁名：*Robinia hispida* L.

科：蝶形花科

属：刺槐属

形态特征：红花槐枝及花梗密被红色、刺毛。奇数羽状复叶互生，小叶 7~15 个，椭圆形。总状花序，具花 3~7 朵，花冠玫瑰红或淡紫色。蝶形花冠，粉红或紫红色，开花一般不孕，花期 5 月。

生态习性：喜光，浅根性，侧根发达。喜温润肥沃土壤。

繁育方式：以刺槐为砧木嫁接。

图7-6　红花槐

观赏特性与园林用途：红花槐花大而美丽，耐寒、耐旱能力强，生长快，耐修剪，萌蘖力强，对烟尘及有毒气体如氟化氢等有较强的抗性。更为突出的是，它的砧木为刺槐，故具有很强抗盐碱的能力，据测定，它在含盐量 7‰ ~9‰的土壤中仍生长良好，是盐碱地区园林绿化的好树种。是庭院、小游园、公园不多得的观赏树种。孤植、列植、丛植均佳。

7. 刺槐（图7-7）

别名：洋槐

拉丁名：*Robinia pseudoacacia* L.

科：豆科

属：刺槐属

形态特征：落叶乔木，高 10~20m。树皮灰黑褐色，纵裂；枝具托叶性针刺，小枝灰褐色，无毛或幼时具微柔毛。奇数羽状刺槐形态特征复叶，互生，具 9~19 小叶；叶柄长 1~3cm，小叶柄长约 2mm，被短柔毛，小叶片卵形或卵状长圆形，长 2. 5~5cm，宽 1. 5~3cm，基部广楔形或近圆形，先端圆或微凹，具小刺尖，全缘，表面绿色，被微柔毛，背面灰绿色被短毛。总状花序腋生，比叶短，花序轴黄褐色，被疏短毛；花梗长 8~13mm。被短柔毛，萼钟状，具不整齐的 5 齿裂，表面被短毛；花冠白色，芳香，旗瓣近圆形，长 18mm，基部具爪，先端微凹，翼瓣倒卵状长圆形，基部具细长爪，顶端圆，长 18mm，龙骨瓣向内弯，基部具长爪；雄蕊 10 枚，成 9 与 1 两体；子房线状长圆形，被短白毛，花柱几乎弯成直角，荚果扁平，线状长圆形，长 3~11cm，褐色，光滑。含 3~10 粒种子，二瓣裂。花果期 5~9 月。

图7-7 刺槐

生态习性：强阳性树种，喜光。不耐阴，喜干燥、凉爽气候，较耐干旱、贫瘠，能在中性、石灰性、酸性及轻度碱性土上生长。

繁育方式：以播种繁育为主。

观赏特性与园林用途：刺槐树冠高大，叶色鲜绿，每当开花季节绿白相映，素雅而芳香。可作为行道树、庭荫树。是工矿区绿化及荒山荒地绿化的先锋树种。根部有根瘤，有提高地力之效。冬季落叶后，枝条疏朗向上，很像剪影，造型有国画韵味。

8. 垂柳（图7-8）

别名：垂杨柳

拉丁名：*Salix papylonica* L

科：杨柳科

属：柳属

形态特征：树冠倒广卵形，小枝细长下垂，淡黄褐色。叶互生，披针形或条状披针形，长 8~16cm，先端渐长尖，基部楔形，无毛或幼叶微有毛，具细锯齿，托叶披针形。雄蕊 2，花丝分离，花药黄色，雌花子房无柄，花期 3~4 月，果熟期 4~5 月。

生态习性：耐水，耐盐碱，喜光，抗寒。

繁育方式：扦插。

观赏特性与园林用途：垂柳枝条细长，柔软下垂，随风飘舞，姿态优美潇洒，植

图7-8 垂柳

于河岸及湖池边最为理想，柔条依依拂水，别有风致，自古即为重要的庭园观赏树。亦可用作行道树、庭荫树、固岸护堤树及平原造林树种。

9. 馒头柳（图7–9）

拉丁名：Salix matsudana L（var. matsudanaf）

科：杨柳科

属：柳属

形态特征：馒头柳分枝密，端梢整齐，树冠半圆形，状如馒头。

生态习性：喜光，耐寒，耐旱，耐水湿，耐修剪，适宜性强。

繁育方式：扦插。

图7–9　馒头柳

观赏特性与园林用途：馒头柳柔软嫩绿的枝条、丰满的树冠及稍加修剪的树姿，更加美观。适合于庭前、道旁、河堤、溪畔、草坪栽植。在北方园林，柳属的一些绿化树种是落叶树种中绿期最长的一种。但由于种子成熟后柳絮飘扬，故在工厂、街道路旁等处，最好栽植雄株。

药用价值：柳树叶药用价值不可估量，这在中国古代著名的医学典籍上都有所记载。例如：据《中华医学宝典》记载，鲜柳树叶无毒、味苦性凉，具有清热透疹、利尿解毒的功效。而且鲜垂柳树叶还是偏方好药材，经实践证明其对于治疗脚气、脚气感染引起的红肿、化脓等具有非常好的疗效，同时柳叶中还含有丰富的碘，是治疗地方性甲状腺肿大的良药，此外柳叶还是治疗皮癣的好药方。

10. 旱柳（图7–10）

拉丁名：*Salix matsudana* Koidz.

科：杨柳科

属：柳属

形态特征：落叶乔木，高可达20m，胸径达80cm。大枝斜上，树冠广圆形；树皮暗灰黑色，有裂沟；枝细长，直立或斜展，浅褐黄色或带绿色，后变褐色，无毛，幼枝有毛。芽微有短柔毛。叶披针形，长5~10cm，宽1~1. 5cm，先端长渐尖，基部窄圆形或楔形，上面绿色，无毛，有光泽，下面苍白色或带白色，有细腺锯齿缘，幼叶有丝状柔毛；叶柄短，长5~8mm，在上面有长柔毛；托叶披针形或缺，边缘有细腺锯齿。花序与叶同时开放；雄花序圆柱形，长 1. 5~2. 5cm，粗约 6~8mm，多少有花序梗，轴有长毛；雄蕊 2，花丝基部有长毛，花药卵形，黄色；苞片卵形，黄绿色，先端钝，基部多少有短柔毛；腺体 2；雌花序较雄花序短，长达 2cm，粗 4mm，有 3~5 小叶生于短花序梗上，轴有长毛；子房长椭圆形，近无柄，无毛，无花柱或很短，柱头卵形，近圆裂；苞片同雄花；腺体 2，背生和腹生。果序长达 2cm。花期 4 月，果期 4~5 月。

图7-10　旱柳

生态习性：喜光，耐寒，湿地、旱地皆能生长，但以湿润而排水良好的土壤上生长最好；根系发达，抗风能力强，生长快，易繁殖。

繁育方式：用种子、扦插和埋条等方法繁殖。扦插育苗为主。

观赏特性与园林用途：旱柳枝条柔软，树冠丰满，是中国北方常用的庭荫树、行道树。常栽培在河湖岸边或孤植于草坪，对植于建筑两旁。亦用作公路树、防护林及沙荒造林，农村“四旁”绿化等，是早春蜜源树种。防护林及绿化树种，亦可作用材树种。树形美，易繁殖，深为人们喜爱。其柔软嫩绿的枝条、丰满的树冠及稍加修剪的树姿，更加美观。适合于庭前、道旁、河堤、溪畔、草坪栽植。在北方园林，柳属的一些绿化树种是落叶树种中绿期最长的一种。但由于种子成熟后柳絮飘扬，故在工厂、街道路旁等处，最好栽植雄株。枝条扦插极易成活，亦可播种繁殖，绿化宜用雄株。宜作护岸林、防风林、庭荫树及行道树。

11. 垂榆（图7-11）

别名：垂枝榆

拉丁名：*Ulmus pumila* L（var *pendula*）

科：榆科

属：榆属

形态特征：落叶小乔木。单叶互生，椭圆状窄卵形或椭圆状披针形，长 2~9cm，基部偏斜，叶缘具单锯齿。枝条柔软、细长下垂、生长快、自然造型好、树冠丰满，花先叶开放。翅果近圆形。

图7-11　垂榆

生态习性：喜光，抗干旱、耐盐碱、耐土壤瘠薄，耐旱，耐寒，–35℃无冻梢。不耐水湿。根系发达，对有害气体有较强的抗性。

繁育方式：垂榆繁殖多采用白榆作砧木进行枝接和芽接。

观赏特性与园林用途：树干形通直，枝条下垂细长柔软，树冠呈圆形蓬松，形态优美，适合作庭院观赏、公路、道路行道树绿化，是园林绿化栽植的优良观赏树种。

12. 大叶垂榆（图7–12）

拉丁名：*Clmus Pumila* L.

科：榆科

属：榆属

形态特征：树干直立，枝多开展，树冠近球形或卵圆形。树皮深灰色，粗糙，不规则纵裂。单叶互生，卵状椭圆形至椭圆状披针形，缘多重锯齿。花两性，早春先叶开花或花叶同放，紫褐色，聚伞花序簇生。翅果近圆形，顶端有凹缺。

图7–12　大叶垂榆

生态习性：阳性树种，喜光，耐旱，耐寒，耐瘠薄，不择土壤，适应性很强。根系发达，抗风力、保土力强。萌芽力强，耐修剪。生长快，寿命长。不耐水湿。具抗污染性，叶面滞尘能力强。

观赏特性与园林用途：主要用于庭院、公园、工厂绿化。

13. 中华金叶榆（图7–13）

别名：美人榆

拉丁名：*Ulmus pumila* L（cv. *Jinye*）

科：榆科

属：榆属

形态特征：系白榆变种，落叶小乔木。单叶互生，椭圆状窄卵形或椭圆状披针形，长 2~9cm，基部偏斜，叶缘具单锯齿。叶片金黄鲜亮，有自然光泽，格外醒目。枝条柔软、细长下垂、生长快、自然造型好、树冠丰满，花先于叶开放。翅果近圆形。中华金叶榆是彩叶树家族中的又一新秀。

生态习性：喜光，抗干旱、耐盐碱、耐土壤瘠薄，耐修剪，耐旱，耐寒，–35℃无冻梢。不耐水湿。根系发达，对有害气体有较强的抗性。

繁育方式：以白榆树为砧木嫁接。

图7-13　中华金叶榆

观赏特性与园林用途：观赏性极佳，初春时的叶芽，似无数朵腊梅花绽放枝头，娇嫩可爱，早早给人们带来春天的信息。夏初，叶片变得金黄艳丽，格外醒目，将街道、公园打扮得富丽堂皇；盛夏后至落叶前，树冠中下部的叶片渐变为浅绿色，上部的叶片仍为金黄色，黄绿相衬，在炎热中给人带来清新的感觉。造型丰富，既可培育为黄色乔木，作为园林风景树，又可培育成球形或柱形的黄色灌木，广泛应用于绿篱、色带、拼图。中华金叶榆根系发达，耐贫瘠，水土保持能力强，除用于城市绿化外，还可应用于山体景观生态绿化中，营造景观生态林和水土保持林。抗逆性强，树干形通直，枝条下垂，细长柔软，树冠呈圆形蓬松，形态优美，又能修剪成球，适合作庭院观赏、公路、道路行道树绿化，还可作绿篱使用，是园林绿化栽植的优良观赏材料。

14. 圆冠榆（图7-14）

拉丁名：*Ulmus densa* Litw.

科：榆科

属：榆属

图7-14　圆冠榆

形态特征：枝条直伸至斜展，树冠密，近圆形，幼枝少被毛，当年生枝无毛，淡褐黄色或红褐色，2~3 年生枝常被蜡粉；冬芽卵圆形，芽鳞背面少被毛，尤以内部芽鳞显著。叶卵形，长 4~9cm，宽 2. 5~5cm，先端渐尖，基部一边楔形，一边耳状，叶面幼时有硬毛，后有凸起或平的毛迹，多少粗糙或平滑，叶背幼时被密毛，后被疏毛或近无毛，脉腋有复生毛，边缘具钝的重锯齿或兼有单锯齿，侧脉每边 11~19 条，叶柄长 5~11mm，上面被毛。花在去年生枝上排成复状聚伞花花序。翅果长圆状倒卵形、长圆形或长圆状椭圆形，长 10~16mm，宽 8~14mm，除顶端缺口柱头面被毛外，余处无毛，果核部分位于翅果中上部，上端接近缺口，宿存花被无毛，4 浅裂，果梗较花被为短，长约 1mm，无毛。花果期 4~5 月。

生态习性：喜光、耐寒、耐旱、抗高温，适合盐碱土壤生长，在土层深厚、湿润、疏松沙质土壤中生长迅速。

观赏特性与园林用途：圆冠榆树冠球形，主干端直，绿荫浓密，树形优美，可在夏季最高气温 45℃和冬季最低气温 -39℃，日温差达 30℃，年降水仅 40~100mm 的恶劣环境中旺盛生长，可谓西部绿化树种之精品，戈壁明珠。常用于行道树或孤植。

15. 白榆（图7-15）

拉丁名：Unus pumzila L

科：榆科

属：榆属

图7-15　白榆

形态特征：落叶乔木，在原产地高达 30m；树皮淡褐灰色，幼时平滑，后成鳞状，老则不规则纵裂；当年生枝被毛或几无毛；冬芽纺锤形。叶倒卵状宽椭圆形或椭圆形，通常长 8~15cm，中上部较宽，先端凸尖，基部有明显偏斜，一边楔形，一边半心脏形，边缘具重锯齿，齿端内曲，叶面无毛或叶脉凹陷处有疏毛，叶背有毛或近基部的主脉及侧脉上有疏毛，叶柄长 6~13mm，全被毛或仅上面有毛。花常自花芽抽出，稀由混合芽抽出，20 余花至 30 余花排成密集的短聚伞花序，花梗纤细，不等长，长 6~20mm，花被上部 6~9 浅裂，裂片不等长。翅果卵形或卵状椭圆形，长约 13mm，边缘具睫毛，两面无毛，顶端缺口常微封闭，果核部分位于翅果近中部，上端微接近缺口，果梗长 1~3cm。花果期 4~5 月。

生态习性：阳性、深根性树种，喜生于土壤深厚、湿润、疏松的沙壤土或培土上，适应性强，抗病虫能力强，在严寒、高温或干旱的条件下，也能旺盛生长。

繁育方式：播种、嫁接和扦插繁殖。

观赏特性与园林用途：白榆冠大荫浓，树体高大，适应性强，常见于城镇的草坪、山坡。常密植作树篱。是世界著名的四大行道树之一。列植于公路及人行道。群植于草坪、山坡。常密植作树管。是背离北方农村“四旁”绿化的主要树种，也是防风固沙、水土保持和盐碱地造林的重要树种。

16. 白蜡树（图7–16）

别名：中国蜡、虫蜡、川蜡、黄蜡、蜂蜡、青榔木、白荆树

拉丁名：*Fraxinus chinensis* Roxb

科：木犀科

属：梣属

形态特征：树冠卵圆形，树皮黄褐色。小枝光滑无毛。奇数羽状复叶，对生，小叶5~9枚，通常7枚，卵圆形或卵状披针形，长3~10cm，先端渐尖，基部狭，不对称，缘有齿及波状齿，表面无毛，背面沿脉有短柔毛。圆锥花序侧生或顶生于当年生枝上，大而疏松；椭圆花序顶生及侧生，下垂，夏季开花。花萼钟状；无花瓣。翅果倒披针形，长3~4cm。花期3~5月；果10月成熟。翅果扁平，披针形。

图7–16　白蜡树

生态习性：喜光，稍耐阴，喜温暖湿润气候，颇耐寒，喜湿耐涝，也耐干旱。对土壤要求不严，碱性、中性、酸性土壤上均能生长。抗烟尘，对二氧化硫、氯气、氟化氢有较强抗性。萌芽、萌蘖力均强，耐修剪，生长较快，寿命较长。

繁育方式：播种和扦插育苗。

观赏特性与园林用途：树形优美，盘根错节，苍老挺秀，观赏价值极高。叶形细小秀丽，叶色苍翠，树节稠密且垂直对称，耐摘叶，耐修剪，极好造型。树质细腻、结实，色泽乳白、光亮，是根雕的最佳材料之一。树枝茂密，绿戎盖地，庄重典雅，净化空气，是公园、风景区、城区街道、行政机关、企业、院校和住宅小区最理想的绿化、美化、净化树种。适应性强。各种土壤、肥料、气候均适应生长；低温 –21℃、高温 43℃均无不良反应。生命力强，萌发力旺，可分根、扦插、播种繁殖。管理简单。抗烟尘、无污染，耐旱涝，无病虫害；无论是提根露爪，还是大水大肥，都适应生长。对节白蜡古桩春花早，夏秋枝繁叶茂，冬季曲杆虬枝、苍劲古朴，面对它仿佛置身大自然。

药用价值：热痢，泄泻，赤白带下，目赤肿痛，目生翳膜。

17. 梓树（图7–17）

别名：楸、花楸、水桐、河楸、臭梧桐、黄花楸、水桐楸、木角豆

拉丁名：*Catalpa ouata* G. Don

科：紫葳科

属：梓属

图7–17　梓树

形态特征：高 13~20m。树冠倒卵形或椭圆形，树皮褐色或黄灰色，纵裂或有薄片剥落，嫩枝和叶柄被毛并有黏质。叶对生或轮生，广卵形或圆形，叶长宽几相等，叶上端常有 3~5 小裂，叶背基部脉腋具 3~6 个紫色腺斑。圆锥花序。花冠淡黄色或黄白色，内有紫色斑点和黄色条纹。蒴果细长如豇豆，经久不落。种子扁平，两端生有丝状毛丛。花期 5~6 月，果熟期 8~9 月。

生态习性：喜光，稍耐阴，耐寒，适生于温带地区，在暖热气候下生长不良，深根性。喜深厚肥沃、湿润土壤，不耐干旱和瘠薄，能耐轻盐碱土。抗污染性较强。病虫害主要有楸蛾等为害。

繁育方式：种子繁殖。

观赏特性与园林用途：梓树树体端正，冠幅开展，叶大荫浓，春夏黄花满树，秋冬荚果悬挂，具有一定的观赏价值。可作行道树、庭荫树以及工厂绿化树种。

药用价值：以果实、树白皮和根白皮入药，用于浮肿、慢性骨炎、膀胱炎、肝硬化腹水。

18. 复叶槭（图7–18）

别名：岑叶槭

拉丁名：*Acer negundo* L.

科：槭树科

属：槭树属

图7–18　复叶槭

形态特征：叶掌状 5 裂，裂片较宽，先端尾状锐尖，裂片不再分为 3 裂，叶基部常心形，最下部 2 裂片不向下开展，但有时可再裂出 2 小裂片而成 7 裂。果翅较长，为果核之 1. 5~2 倍。

生态习性：弱度喜光，稍耐阴，喜温

凉湿润气候，对土壤要求不严，在中性、酸性及石灰性土上均能生长，但以土层深厚、肥沃及湿润之地生长最好，黄黏土上生长较差。生长速度中等，深根性，抗风力强。

繁育方式：主要为播种繁育。

观赏特性与园林用途：秋叶变亮黄色或红色，适宜作庭荫树、行道树及风景林树种。

药用价值：祛风止痛。

19. 紫叶李（图7–19）

别名：红叶李

拉丁名：*Prunus cerasifera Ehrhar f.*

科：蔷薇科

属：李属

形态特征：落叶小乔木，树皮紫灰色，小枝淡红褐色，整株树干光滑无毛。单叶互生，叶卵圆形或长圆状披针形，长4. 5~6cm，宽2~4cm，先端短尖，基部楔形，缘具尖细锯齿，羽状脉5~8对，两面无毛或背面脉腋有毛，色暗绿或紫红，叶柄光滑多无腺体。花单生或两朵簇生，白色，雄蕊约25枚，略短于花瓣，花部无毛，核果扁球形，径1~3cm，腹缝线上微见沟纹，无梗洼，熟时黄、红或紫色，光亮或微被白粉，花叶同放，花期3~4月，果常早落。

图7–19　紫叶李

生态习性：喜光也稍耐阴，抗寒，适应性强，以温暖湿润的气候环境和排水良好的沙质土壤最为有利。怕盐碱和涝洼。浅根性，萌蘖性强，对有害气体有一定的抗性。

观赏特性与园林用途：红叶李在园林绿化中有极广的用途，其适应力强的特点，让它在众多地方得以使用，可列植于街道、花坛、建筑物四周、公路两侧，孤植在庭院、草坪中央，与其他黄、绿色树种丛植或片植。

20. 紫叶稠李（图7–20）

拉丁名：*Prunus padus* L.

科：蔷薇科

属：稠李属

形态特征：小枝光滑，短枝开花，花序长4~6cm，果实紫红色光亮，果核褐色，初生叶为绿色，进入5月后随着温度升高，逐渐转为紫红绿色至紫红色，秋后变成红色，成为变色树种。

生态习性：喜光，在半阴的生长环境下，叶子很少转为紫红色。根系发达，耐干旱，抗性强，喜欢温暖、湿润的气候环境，在湿润、肥沃疏松而排水良好的沙质壤土上生长健壮。

图7-20　紫叶稠李

繁育方式：播种、嫁接和扦插繁殖。

观赏特性与园林用途：花色白，叶片大且富于变色，顶叶红色，落叶晚，有很好的观赏价值。紫叶稠李因其成景快，栽培移植容易，可观叶、观花、观果。其以观叶期长的特点在北方城市园林绿化美化中发挥着重要的作用，是优良的绿化树种。在园林、风景区即可孤植、丛植、群植，又可片植，或植成大型彩篱及大型的花坛模纹，又可作为城市道路行道树，以及小区绿化的风景树使用。也适植于草坪、角隅、岔路口、山坡、河畔、石旁、庭院、建筑物前面、大门广场等处。

21. 杏（图7-21）

拉丁名：*Prunus armeniaca* L.

科：蔷薇科

属：杏属

形态特征：落叶乔木，植株无毛。叶互生，阔卵形或圆卵形叶子，边缘有钝锯齿；近叶柄顶端有 2 腺体；淡红色花单生或 2~3 个同生，白色或微红色。圆、长圆或扁圆形核果，果皮多为白色、黄色至黄红色，向阳部常具红晕和斑点；暗黄色果肉，味甜多汁；核面平滑没有斑孔，核缘厚而有沟纹。种仁多苦味或甜味。花期 3~4 月，果期 6~7 月。

图7-21　杏

生态习性：杏树耐寒力较强，可耐 -30℃或更低的温度；耐高温，如新疆喀什等地，夏季高温达 43. 4℃仍能正常生长结果且品质佳。杏树不耐水涝。

繁育方式：杏树苗木繁殖主要采用嫁接繁殖，常用的砧木有山杏。

观赏特性与园林用途：杏树也是一很好的绿化、观赏树种，尤其是在干旱少雨、土层浅薄的荒山或是风沙严重的地区，杏树是防风固沙、保土、改善生态环境及造林的先锋树种。

22. 桃（图7–22）

拉丁名：Prunus persica（L.）Batsch

科：蔷薇科

属：桃属

形态特征：落叶小乔木，叶为窄椭圆形至披针形，长 1cm，宽 4cm，先端呈长而细的尖端，边缘有细齿，暗绿色有光泽，叶基具有蜜腺；树皮暗灰色，随年龄增长出现裂缝，花单生，从淡至深粉红或红色，有时为白色，有短柄，直径 4cm，早春开花；近球形核果，表面有绒毛，肉质可食，为橙黄色泛红色，直径 7. 5cm，有带深麻点和沟纹的核，内含白色种子。

图7–22　桃

生态习性：桃树喜光、耐旱、耐寒力强，怕渍涝。

繁育方式：苗木繁育多采用嫁接法，砧木有山桃和毛桃。

观赏特性与园林用途：桃树开花芳菲烂漫，灿若云霞，宜在石旁、河畔、墙际、庭园内和草坪边缘栽植。若与垂柳间植于水滨，春天时桃红柳绿，更是独有风采。

23. 苹果（图7–23）

拉丁名：*Malus pumila* Mill.

科：蔷薇科

属：苹果属

形态特征：落叶乔木，高可达 15m，多具有圆形树冠和短主干，小枝短而粗，圆柱形，幼嫩时密被绒毛，老枝紫褐色，无毛；冬芽卵形，先端钝，密被短柔毛。叶片椭圆形、卵形至宽椭圆形，长 4. 5~10cm，宽 3~5. 5cm，先端极尖，基部宽楔形或圆形，边缘具有圆钝锯齿，幼嫩时两面具短柔毛，长成后上面无毛叶柄粗壮，长约 1. 5~3cm，被短柔毛；托叶草质，披针形，

图7–23　苹果

先端渐尖，全缘，密被短柔毛，早落。伞房花序，具花 3~7 朵，集生于小枝顶端，花梗长 1~2. 5cm，密被绒毛；苞片膜质，线状披针形，先端渐尖，全缘，被绒毛；花直径 3~4cm；萼筒外面密被绒毛；萼片三角披针形或三角卵形，长 6~8mm，先端渐尖，全缘，内外两面均密被绒毛，萼片比萼筒长，花瓣倒卵形，长 15~18mm，基部具短爪，苹果花白色，含苞未放时带粉红色；雄蕊 20，花丝长短不齐，约等于花瓣之半；花柱 5，下半部密被灰白色绒毛，较雄蕊稍长。果实扁球形，直径在 2cm 以上，先端常有隆起，萼洼下陷，萼片永存，果梗短粗。花期 5 月，果期 7~10 月。

生态习性：喜光，较耐旱、不耐湿。

繁育方式：多采用嫁接法。

观赏特性与园林用途：可供公园和庭院等地种植。

24. 梨树（图7–24）

拉丁名：*Pyrus bretschneideri* Rehd.

科：蔷薇科

属：梨属

形态特征：主干在幼树期树皮光滑树龄增大后树皮变粗，纵裂或剥落。嫩枝无毛或具有绒毛，后脱落；二年生以上枝灰黄色乃至紫褐色。冬芽具有覆瓦状鳞片，一般为 11~18 片，花芽较肥圆，呈棕红色或红褐色，稍有亮光，一般为混合芽；叶芽小而尖，褐色。单叶，互生，叶缘有锯齿，托叶早落，嫩叶绿色或红色，展叶后转为绿色，叶形多数为卵或长卵圆形，叶柄长短不一。花为伞房花序，两性花，花瓣近圆形或宽椭圆形，栽培种花柱 3~5，子房下位，3~5 室，每室有 2 胚珠。果实有圆、扁圆、椭圆、瓢形等，果皮分黄色或褐色两大类，黄色品种上有些阳面呈红色；秋子梨及西洋梨果梗较粗短，白梨沙梨、新疆梨类果梗一般较长，果肉中有石细胞，内果皮为软骨状；种子黑褐色或近黑色。

图7–24　梨树

生态习性：性喜干燥冷凉，抗寒力较强，喜光。

繁育方式：苗木繁育多采用杜梨为砧木嫁接。

观赏特性与园林用途：春季开花，满树雪白，树姿也美，可供公园和庭院等地种植。

25. 枣树（图7–25）

拉丁名：*Zizyphus Jujuba* Mill

科：鼠李科

属：枣属

形态特征：落叶乔木，高可达10m，树冠卵形。树皮灰褐色，条裂。枝有长枝、短枝与脱落性小枝之分。长枝红褐色，呈“之”字形弯曲，光滑，有托叶刺或托叶刺不明显；短枝在二年生以上的长枝上互生；脱落性小枝较纤细，无芽，簇生于短梳上，秋后与叶俱落。叶卵形至卵状长椭圆形，先端钝尖，边缘有细锯齿，基生三出脉，叶面有光泽，两面无毛。5~6月开花，聚伞花序腋生，花小，黄绿色。核果卵形至长圆形，8~9月果熟，熟时暗红色。果核坚硬，两端尖。

图7–25　枣树

生态习性：枣比较抗旱，需水不多，适合生长在贫瘠的土壤，树生长慢。

繁育方式：苗木繁育多采用嫩枝扦插或以酸枣为砧木嫁接。

观赏特性与园林用途：春季繁花似锦、芳香四溢，夏季绿荫蔽日、遮阴送凉，秋季果形奇特、叶色多变，冬季树皮条裂、古朴苍劲等，为优良的园林绿化树种，正在逐步加以开发利用。

26. 沙枣树（图7–26）

别名：桂香柳、银柳

拉丁名：*Elaeagnus angustifolia* L.

科：胡颓子科

属：胡颓子属

形态特征：落叶乔木或小乔木，高5~10m，无刺或具刺，刺长30~40mm，棕红色，发亮；幼枝密被银白色鳞片，老枝鳞片脱落，红棕色，光亮。叶薄纸质，矩圆状披针形至线状披针形，顶端钝尖或钝形，基部楔形，全缘，上面幼时具银白色圆形鳞片，成熟后部分脱落，带绿色，下

图7–26　沙枣树

面灰白色，密被白色鳞片，有光泽，侧脉不甚明显；叶柄纤细，银白色，果实椭圆形，粉红色，密被银白色鳞片；果肉乳白色，粉质；果梗短，粗壮，花期5~6月，果期9月。

生态习性：沙枣生活力很强，有抗旱，抗风沙，耐盐碱，耐贫瘠等特点。

繁育方式：播种育苗或扦插育苗，前者为主。

观赏特性与园林用途：沙枣叶片低矮，生长速度快。晚夏，满树花朵芳香，还能为园林提供罕见的银白色景观，也可作观赏树及背景树。沙枣是很好的造林、绿化、薪炭、防风、固沙树种，已成为西北地区主要造林树种之一。

27. 火炬树（图7–27）

别名：鹿角漆

拉丁学名：*Rhus typhina* L.

科：漆树科

属：盐肤木属

形态特征：柄下芽，枝密生灰色绒毛。奇数羽状复叶，小叶1~23枚，有锯齿，长圆形至披针形，先端渐尖，基部圆或宽楔形，上面深绿色，下面苍白色，两面有绒毛，老时脱落。花序顶生、密生绒毛，花淡绿色，雌花花柱有红色刺毛。核果红色，花柱宿存、密集。

图7–27 火炬树

生态习性：喜光，耐寒，对土壤适应性强，耐干旱瘠薄，耐水湿，耐盐碱。根系发达，萌蘖性强，4年内可萌发30~50支蘖株。浅根性，生长快，寿命短。

繁育方式：分株、播种繁殖。

观赏特性与园林用途：火炬树果穗红艳似火炬，秋叶鲜红色，是优良的秋景树种。宜丛植于坡地、公园角落，以吸引鸟类觅食，增加园林野趣，也是固堤、固沙、保持水土的好树种。

28. 臭椿（图7–28）

拉丁名：*Ailanthus altissima* Swingle.

科：苦木科

属：臭椿属

形态特征：树高可达30m，胸径1m以上，树冠呈扁球形或伞形，树皮灰白色或灰黑色，平滑，稍有浅裂纹。枝条粗壮，奇数羽状复叶，互生，小叶近基部具少数粗齿，卵状披针形，叶总柄基部膨大，齿端有1腺点，有臭味。雌雄同株或雌雄异株。圆锥花序项生，花小，杂性，白绿色，花瓣5~6，雄蕊10。翅果，有扁平膜质的翅，长椭圆形，种子位于中央。

图7-28　臭椿

生态习性：喜光，不耐阴。适应性强，除黏土外，各种土壤和中性、酸性及钙质土都能生长，适生于深厚、肥沃、湿润的沙质土壤。耐寒，耐旱，不耐水湿，长期积水会烂根死亡。深根性。对烟尘与二氧化硫的抗性较强，病虫害较少。

繁育方式：播种。

观赏特性与园林用途：臭椿树干通直高大，春季嫩叶紫红色，秋季红果满树，是良好的观赏树和行道树。可孤植、丛植或与其他树种混栽，适宜于工厂、矿区等绿化。在印度、英国、法国、德国、意大利、美国等常常作为行道树，颇受赞赏。

药用价值：臭椿树皮、根皮、果实均可入药，具有清热燥湿、收涩止带、止泻、止血之功效。

29. 丝棉木（图7-29）

别名：白杜、桃叶卫矛、明开夜合、华北卫矛、白皂树、野杜仲、白樟树

拉丁名：*Euonymus bungeanus* Maxim.

科：卫矛科

属：卫矛属

形态特征：树冠圆形与卵圆形，幼时树皮灰褐色、平滑，老树纵状沟裂。小枝细长，无毛，绿色，近四棱形，二年生枝4棱，每边各有白线。叶对生，卵状至卵状椭圆形，先端长渐尖，基部近圆形，缘有细锯齿，叶柄细长约为叶片长的1/3，秋季叶色变红。伞形花序，腋生，有花3~7朵，淡绿色。蒴果粉红色，4裂片。种子淡黄色，有红色假种皮，上端有小圆口，稍露出种子。花期5~6月，果熟期

图7-29　丝棉木

9~10 月。

生态习性：阳性树种，喜光，稍耐阴，对气候适应性很强，耐寒，耐干旱，耐湿，耐瘠薄，对土壤要求不严。根系深而发达，能抗风，根蘖萌发力强，生长较缓慢。对二氧化硫、氟化氢、氯气的抗性和吸收能力皆较强，对粉尘的吸滞能力强。

繁育方式：以播种、扦插繁殖为主。

观赏特性与园林用途：丝棉木的木材细密，可以作为雕刻的工艺品和版画用材，树皮和根都可以作为中药材。丝棉木也可以作为绿化和行道树。

药用价值：以根、茎皮、枝叶入药。春秋采根，春采树皮，切段晒干。夏秋采枝叶鲜用。

30. 西府海棠（图7–30）

别名：海棠花、解语花、海红、子母海棠、小果海棠

拉丁名：*Malus micromalus* Mak.

科：蔷薇科

属：苹果属

形态特征：落叶灌木或小乔木，高可达 7m，小枝圆柱形，嫩时被短柔毛，老时脱落，紫红色或暗红色。叶片顶圆形或椭圆状长圆形，长 5~9cm，宽 3~6cm，先端急尖，基部楔形或近圆形，边缘具刺芒状细锯齿，齿端具腺体，表面无毛，幼时沿叶脉被稀疏柔毛，背面幼时密被黄白色绒毛，叶柄粗壮长 1~1. 5cm，梨果长椭圆体形，长 10~15cm，深黄色，具光泽，果肉木质味微酸。花期 4 月，果期 9~10 月。

图7–30　西府海棠

生态习性：喜光也耐半阴。适应性强，耐寒、耐旱。对土壤要求不严，一般在排水良好之地均能栽培，但忌低洼、盐碱地。萌芽力强可以整枝。

繁育方式：扦插或嫁接。

观赏特性与园林用途：西府海棠与垂丝海棠、贴梗海棠、木瓜海棠被称为“海棠四品”。海棠树姿优美，春花烂漫，入秋后金果满树，芳香袭人，可列植或丛植于人行道两侧、亭台周围、丛林边缘、水滨池畔等。也宜孤植于庭院前后，对植前门厅入口处，丛植于草坪角隅或与其他花木相配植。也可矮化盆栽。

31. 美人梅（图7–31）

拉丁名：*Prunus blireana* L.（cv. *Meiren*）

科：蔷薇科

属：李属

形态特征：落叶小乔木或灌木，法国引进。枝直上或斜伸，生长势旺盛，小枝细长紫红色，叶似杏叶互生，广卵形至卵形，先端渐尖，基部广楔形，叶柄长1~1. 5cm，叶缘有细锯齿，叶被生有短柔毛，花色浅紫，重瓣花，先叶开放，萼筒宽钟状，萼片 5 枚，近圆形至扁圆，花为 15~17 枚，小瓣 5~6 梅，花梗 1. 5cm，雄蕊多数，自然花期自 3 月中旬第一朵花开以后，逐次自上而下陆续开放至 4 月中旬。

图7–31　美人梅

生态习性：抗寒，抗旱，耐高温，适应性强对土壤的质地要求不严，山上、露地、微酸、微碱均能适应，耐瘠薄，但表土疏松，勤施肥则生长更佳，喜生长在排水良好的地方，忌水涝。

繁育方式：主要是采用扦插法，也可采用嫁接和压条的方法。

观赏特性与园林用途：观赏价值高，用途广。美人梅其亮红的叶色和紫红的枝条是其他梅花品种中少见的，可供一年四季观赏。其用途之广既可布置庭院、开辟专园，作梅园、梅溪等大片栽植，又可作盆栽，制作盆景供各大宾馆、饭店摆花，节日摆花，还可作切花等其他装饰用。

32. 胡杨（图7–32）

别名：胡桐

拉丁名：*Populus euphratica* L.

科：杨柳科

属：杨属

形态特征：落叶乔木，高达 30m，直径可达 1. 5m；树皮灰褐色，呈不规则纵向沟纹。长枝和幼苗、幼树上的叶线状披针形或狭披针形，长 5~12cm，全缘，顶端渐尖，基部楔形；短枝上的叶卵状菱形、圆形至肾形，长 25cm，宽 3cm，先端具 2~4 对楔形粗齿，基部截形，稀近心形或宽楔形；叶柄长 1~3cm，光滑，稍扁，雌雄异株，葇荑花序；苞片菱形，上部常具锯齿，早落；雄花序长 1. 5~2. 5cm，雄蕊 23~27，具梗，花药紫红色；

雌花序长 3~5cm，子房具梗、柱头宽阔，紫红色；果穗长 6~10cm。蒴果长椭圆形，长 10~15mm，2 裂，初被短绒毛，后光滑。

图7-32　胡杨

生态习性：胡杨是亚非荒漠地区典型的潜水旱中生至中生植物，长期适应极端干旱的大陆性气候；对温度大幅度变化的适应能力很强，喜光，喜土壤湿润，耐大气干旱，耐高温，也较耐寒，适生于 10℃以上，积温 2000℃ ~4500℃的暖温带荒漠气候，在积温 4000℃以上的暖温带荒漠河流沿岸、河漫滩砂质土上生长最为良好。能够忍耐极端最高温 45℃和极端最低温 -40℃的侵袭。胡杨耐盐碱能力较强，在 1m 以内土壤总盐量在 1% 以下时，生长良好；总盐量在 2%~3% 时，生长受到抑制；当总盐量超过 3% 时，便成片死亡。花期 5 月，果期 6~7 月。

繁育方式：以播种繁育为主。

观赏特性与园林用途：胡杨是彩叶树种，常孤植于草坪的中央或丛植于林园边缘。

33. 银杏（图7-33）

别名：白果、公孙树、鸭脚树、蒲扇

拉丁名：*Ginkgo bioba* Linn.

科：银杏科

属：银杏属

图7-33　银杏

形态特征：银杏树为裸子植物中唯一的中型宽叶落叶乔木，可以长到 25~40m，胸径可达 4m，幼树的树皮比较平滑，呈浅灰色，大树树皮呈灰褐色，表面有不规则纵裂，有长枝与生长缓慢的锯状短枝。有着较为消瘦的树冠，枝杈有些不规则。一年生枝为淡褐黄色，二年生枝粗短，暗灰色，有细纵裂纹。冬芽为黄褐色，多为卵圆形，先端钝尖。银杏叶子在种子植物中很特别，是裸子植物中唯一一种阔叶落叶乔木，叶子是扇形，呈二分裂或全缘，叶脉和叶子平行，无中脉。在一年生枝上，叶螺旋状散生，在短枝上 3~8 片叶呈簇生状。成年银杏的扇形叶片主要有全缘、二分裂或多裂形态，但银杏幼株的叶片多数为二分裂，中间是多裂，极少是不裂的。雄球花 4~6 枚，花药黄绿色，花粉球形。萌发时产生具 2 个纤毛的游动精子。雌球花有长梗，梗端分为 2 叉，少有 3~5 叉或不分叉。

生态习性：喜光，适宜于沙壤土或中性土，初期生长较慢，萌蘖性强。肉株一般 20 年左右开始结实，500 年生的大树仍能正常结实。

繁育方式：银杏的繁殖方法很多，大致有播种、分蘖、扦插、嫁接 4 种方法。

观赏特性与园林用途：枝条平直，树冠呈较规整的圆锥形，大量种植的银杏林在视觉效果上具有整体美感。银杏叶在秋季会变成金黄色，在秋季低角度阳光的照射下比较美观，常被摄影者用作背景。还可以净化空气、保持水土、防治虫害、调节气温等，是一个良好的造林、绿化和观赏树种。

药用价值：银杏的药用主要体现在医药、农药和兽药三个方面。明代李时珍曾曰："入肺经、益脾气、定喘咳、缩小便。"清代张瑞璐的《本经逢源》中载白果有降痰、清毒、杀虫之功能，可治疗"疮疥疽瘤、乳痈溃烂、牙齿虫龋、小儿腹泻、赤白带下、慢性淋浊、遗精遗尿"等症。明代江苏、四川等地曾出现了用白果炮制的中成药，用于临床。

34. 新疆杨（图7–34）

拉丁名：*Populus alba*（cv. *pyramidalis* Bunge）

科：杨柳科

属：杨属

形态特征：乔木，高达 30m；枝直立向上，形成圆柱形树冠。干皮灰绿色，老时灰白色，光滑，很少开裂。短枝之叶近圆表，有缺刻状粗齿，背面幼时密生白色绒毛，后渐脱落近无毛；长枝之叶边缘缺刻较深或呈掌状深裂，背面被白色绒毛。杨柳科树银白杨变种。落叶乔木，树冠圆柱形，侧枝向上集拢，树皮灰褐色。单叶互生。雌雄异株，柔荑花序，阳性，耐大气干旱及盐渍土，深根性，抗风力强。

图7–34　新疆杨

生态习性：喜半阴，喜温暖湿润气候及肥沃的中性及微酸性土，耐寒性不强。生长缓慢，耐修剪。对有毒气体抗性强。在年平均气温 11. 3℃ ~11. 7℃，极端最高气温 39. 5℃ ~42. 7℃，极端最低气温 –24℃ ~–22℃的气温条件下生长良好。在绝对

最低温 –41. 5℃时树干底部会出现冻裂。

繁育方式：播种和扦插繁殖。

观赏特性与园林用途：新疆杨树形及叶形优美，是城市绿化或行道树的好树种。在草坪、庭前孤植、丛植，或于路旁植、点缀山石都很合适，也可用作绿篱及基础种植树种。

35. 银白杨（图7–35）

拉丁学名：*Populus alba* L.

科：杨柳科

属：杨属

图7–35　银白杨

形态特征：乔木，高 4~30m。树干不直，雌株更歪斜，树冠宽阔。树皮白色至灰白色，平滑，下部常粗糙。小枝初被白色绒毛，萌条密被绒毛，圆筒形，灰绿或淡褐色。芽卵圆形，长 4~5mm，先端渐尖，密被白绒毛，后局部或全部脱落，棕褐色，有光泽；萌枝和长枝叶卵圆形，掌状 3~5 浅列，长 4~10cm，宽 3~8cm，裂片先端钝尖，基部阔楔形、圆形或平截，或近心形，中裂片远大于侧裂片，边缘呈不规则凹缺，侧裂片几呈钝角开展，不裂或凹缺状浅裂，初时两面被白绒毛，后上面脱落，短枝叶较小，长 4~8cm，宽 2~5cm，卵圆形或椭圆状卵形，先端钝尖，基部阔楔形、圆形，少微心形或平截，边缘有不规则且不对称的钝齿牙；上面光滑，下面被白色绒毛；叶柄短于或等于叶片，略侧扁，被白绒毛。雄花序长 3~6cm；花序轴有毛，苞片膜质，宽椭圆形，长约 3mm，边缘有不规则齿牙和长毛；花盘有短梗，宽椭圆形，歪斜，雄蕊 8~10，花丝细长，花药紫红色；雌花序长 5~10cm，花序轴有毛，雌蕊具短柄，花柱短，柱头 2，有淡黄色长裂片。蒴果细圆锥形，长约 5mm，2 瓣裂，无毛。花期 4~5 月，果期 5 月

生态习性：银白杨喜大陆性气候，喜光，耐寒，–40℃条件下无冻害。不耐阴，深根性。抗风力强，耐干旱气候，但不耐湿热。

繁育方式：播种和扦插繁殖。

观赏特性与园林用途：银白杨树形高大，银白色的叶片在微风中摇曳、阳光照射下有奇特的闪烁效果。可作庭荫树、行道树，丛植于草坪，还可作固沙、保土、护岩固堤及荒沙造林树种。

36. 二白杨（图7–36）

拉丁名：*Populus gansuensis* C. Wang et H. L. Yang.

科：杨柳科

属：杨属

形态特征：乔木，高约20m。树干通直，树冠长卵形或狭椭圆形；树皮灰绿色，光滑，老树基部浅纵裂，带红褐色。枝条粗壮，近轮生状，斜上，与主干常成45°，雄株较开展，达60°，萌枝与幼枝具棱。萌枝或长枝叶三角形或三角状卵形，较大，长宽近等，长7~8cm，先端短渐尖，基部截形或近圆形，边缘近基部具钝锯齿；短枝叶宽卵形或菱状卵形，中部以下最宽，长5~6cm，宽4~5cm，先端渐尖，基部圆形或阔楔形，边缘具细腺锯齿，近基部全缘，上面绿色，下面苍白色；叶柄圆柱形，上部侧扁，长3~5cm。雄花序细长，长6~8cm，雄蕊8~13，花丝长为花药的3倍；雌花序长5~6cm，子房无毛，苞片扇形，长2~2. 5mm，边缘具线状裂片，花序轴无毛。果序长达12cm；蒴果长卵形，长4~5mm，2瓣裂，果柄长0. 5mm。花期4月，果期5月。

图7–36　二白杨

生态习性：强阳性树种。喜凉爽湿润气候，在暖热多雨的气候下易受病害。对土壤要求不严，喜深厚肥沃、沙壤土，不耐过度干旱，稍耐碱。

繁育方式：播种和扦插繁殖。

观赏特性与园林用途：树体高大挺拔，姿态雄伟，叶大荫浓，生长较快，适应性强，是城乡及工矿区优良的绿化树种。也常用作行道树、园路树、庭荫树或防护林；可孤植、丛植、群植于建筑周围、草坪、广场、水滨；在街道、公路、学校运动场、工厂、牧场周围列植、群植。

37. 五角枫（图7–37）

拉丁名：*Acer mono* Maxim.

科：槭树科

属：槭树属

形态特征：落叶乔木，高9~15m。树皮粗糙，深褐色。小枝圆柱形，无毛，当年生嫩枝淡紫绿色，直径2mm，多年生老枝深紫色。叶薄纸质或纸质，基部深心脏形或近于心脏形，叶片的宽度大于长度，宽7~10cm，长5~8cm，通常5裂，中

图7-37　五角枫

央裂片与侧裂片卵形或三角状卵形，长2. 5~3. 5cm，近基部宽2. 5~3cm，先端短急锐尖，尖尾长8~10mm，基部的裂片较小，边缘具紧贴的细圆齿，裂片间的凹缺锐尖，上面绿色，干后淡紫绿色，无毛，下面淡绿色，除脉腋被黄色丛毛外其余部分无毛，初生脉5条，在两面均显著；次生脉10~11对，约以80°的角与初生脉叉分，在下面较在上面显著，小叶脉仅微显著，叶柄长2~4cm，淡紫绿色，无毛。花序圆锥状，初系淡绿色，无毛，连同长2~3cm的总花梗在内共长7~8cm，花梗长1~1. 2cm。花杂性，雄花与两性花同株，萼片5，绿色，长圆卵形或长椭圆形，长3mm，无毛；花瓣5，深绿色，倒卵形或长圆倒卵形，和萼片近于等长；雄蕊较花瓣长2倍，花丝无毛，花药淡黄色，花盘位于雄蕊的外侧，子房紫色，有很密的淡黄色长柔毛，花柱长3mm，无毛，2裂，柱头平展。翅果嫩时淡紫色，成熟后淡黄色，小坚果凸起近于球形，直径6mm，翅张开近于水平，中段最宽，常宽达1cm，连同小坚果长2~2. 3cm。花期5月，果期9月。

生态习性：弱度喜光，稍耐阴，喜温凉湿润气候，对土壤要求不严，在中性、酸性及石灰性土上均能生长，但以土层深厚、肥沃及湿润之地生长最好，黄黏土上生长较差。生长速度中等，深根性，抗风力强。

繁育方式：常采用种子繁殖。

观赏特性与园林用途：树形优美，叶、果秀丽，入秋叶色变为红色或黄色，宜于山地及庭院绿化，与其他秋色叶树种或常绿树配植，彼此衬托掩映，可增加秋景色彩之美。也可用作庭荫树、行道树或防护林。

38. 北美海棠（图7–38）

拉丁名：*Malus American*

科：蔷薇科

属：苹果属

形态特征：落叶小乔木，株高一般在5m左右，呈圆丘状。分枝多变，互生直立悬垂等无弯曲枝。树干颜色为新干棕红色、黄绿色，老干灰棕色。花朵基部合生，花序分伞状或者伞房花序的总状花序，多有香气。肉质梨果，带有脱落型或不脱落型的花萼；较大的称为苹果，较小的称为海棠果。树木观赏特点突出，观赏周期长，是园林中的优秀品种。

生态习性：属耐寒型、抗病型树种，适应性很强，性喜阳光，耐干旱，忌渍水，在干燥地带生长良好，管理容易。

繁育方式：主要为扦插繁殖、播种繁殖和嫁接繁殖。

观赏特性与园林用途：花色红艳夺目，花形美丽，花团锦簇。新叶色彩艳丽，还可观赏海棠果，是不可多得的集观花、观叶、观果为一体的观赏树种。宜作为庭院和建筑物周边绿化树种、停车场遮阴树种和招鸟工程林间树种。

图7-38 北美海棠

39. 金丝垂柳（图7-39）

拉丁名：*Salix X aureo-pendula* CL.

科：杨柳科

属：柳属

形态特征：落叶乔木，高可达10m以上，树冠长卵圆形或卵圆形，枝条细长下垂。小枝黄色或金黄色。叶狭长披针形，长9~14cm，缘有细锯齿。叶狭披针形或线状披针形，顶端渐尖，基部楔形，有时歪斜，边缘有细锯齿，无毛或幼时有柔毛，背面带白色；叶柄长6~12mm，有短柔毛。蒴果黄褐色，长3~4mm。花期4月。生长季节枝条为黄绿色，落叶后至早春则为黄色，经霜冻后颜色尤为鲜艳。幼年树皮黄色或黄绿色。金丝垂柳生长迅速，是速生树种。金丝垂柳为环保树种，具有不飞毛、年生长量大、育苗周期短、主干无结疤等特性。秋天新梢、主干逐渐变黄，冬季通体金黄色。

图7-39 金丝垂柳

生态习性：喜光，较耐寒，性喜水湿，也能耐干旱，以湿润、排水良好的土壤为宜。喜潮湿深厚的酸性及中性土壤。

繁育方式：多为扦插繁殖。

观赏特性与园林用途：树姿优美，对有毒气体有一定抗性，并能吸收二氧化硫。枝条金黄，柔软下垂，随风飘舞，姿态婆娑潇洒，具有独特的观赏价值，可作行道树、庭荫树或孤植于草地、建筑物旁，是优良的园林观赏树种。

40. 河北杨（图7–40）

拉丁名：*Populus X hopeiensis* Hu & Chow

科：杨柳科

属：杨属

形态特征：乔木，高可达30m。树皮黄绿色至灰白色，光滑；树冠圆大。小枝圆柱形，灰褐色，无毛，幼时黄褐色，有柔毛。芽长卵形或卵圆形，被柔毛，无黏质。叶卵形或近圆形，长3~8cm，宽2~7cm，先端急尖或钝尖，基部截形、圆形或广楔形，边缘有弯曲或不弯曲波状粗齿，齿端锐尖，内曲，上面暗绿色，下面淡绿色，发叶时下面被绒毛；叶柄侧扁，初时被毛与叶片等长或较短。蒴果长卵形，2瓣裂，有短柄。花期4月，果期5~6月。

图7–40　河北杨

生态习性：适于多风地区，耐寒、耐旱，喜湿润但不抗涝。

繁育方式：多为扦插繁殖。

观赏特性与园林用途：河北杨树皮白色洁净，树冠圆整，枝条细柔平伸甚至稍垂，加之圆形和波缘的叶片，形成清秀柔和的特色，是水土保持或用材林造林树种，也是庭院、行道优良树种。

41. 香椿（图7–41）

拉丁名：*Toona sinensis* (A. Juss.) Roem.

科：楝科

属：香椿属

形态特征：乔木，树皮粗糙，深褐色，片状脱落。叶具长柄，偶数羽状复叶，长30~50cm或更长；小叶16~20，对生或互生，卵状披针形或卵状长椭圆形，长9~15cm，宽2. 5~4cm，先端尾尖，基部一侧圆形，另一侧楔形，不对称，边全缘或有疏离的小锯齿，两面均无毛，无斑点，背面常呈粉绿色，侧脉每边18~24条，平展，与中脉几成直角开出，背面略凸起；

图7–41　香椿

小叶柄长 5~10mm。圆锥花序与叶等长或更长，被稀疏的锈色短柔毛或有时近无毛，小聚伞花序生于短的小枝上，多花；花长 4~5mm，具短花梗。蒴果狭椭圆形，长 2~3. 5cm，深褐色，有小而苍白色的皮孔，果瓣薄。种子基部通常钝，上端有膜质的长翅，下端无翅。花期 6~8 月，果期 10~12 月。

生态习性：喜温，适宜在平均气温 8℃ ~10℃的地区栽培，抗寒能力随树龄的增加而提高。用种子直播的一年生幼苗在 8℃ ~10℃可能受冻。香椿喜光，较耐湿，适宜生长于河边、宅院周围肥沃湿润的土壤中，一般以沙壤土为宜。适宜的土壤 pH 为 5. 5~8. 0。

繁育方式：多为播种和扦插繁殖。

观赏特性与园林用途：香椿木材黄褐色而具红色环带，纹理美丽，质坚硬，有光泽，耐腐力强，不翘，不裂，不易变形，易施工，为家具、室内装饰品的优良木材。树皮可造纸，果和皮可入药，还可作为蔬菜栽植，价值很高。园林中配置于疏林，可为观赏及行道树种，也可作四旁绿化树种。

42. 桑树（图7–42）

拉丁名：*Morus alba Linn.* Sp.

科：桑科

属：桑属

形态特征：落叶乔木，高可达 16m，胸径 1m。树冠倒卵圆形。叶卵形或宽卵形，先端尖或渐短尖，基部圆或心形，锯齿粗钝，幼树之叶常有浅裂、深裂，上面无毛，下面沿叶脉疏生毛，脉腋簇生毛。聚花果（桑葚、桑果）紫黑色、淡红或白色，多汁味甜。花期 4 月，果熟 5~7 月。

图7–42　桑树

生态习性：喜光，对气候、土壤适应性都很强。耐寒，耐低温，耐旱，也可在温暖湿润的环境生长。喜深厚疏松肥沃的土壤，能耐轻度盐碱。抗风，耐烟尘，抗有毒气体。

繁育方式：分根繁殖、嫁接繁殖、种子播种、扦插繁殖皆可。

观赏特性与园林用途：桑树树冠丰满，枝叶茂密，秋叶金黄，适生性强，管理容易，为城市绿化的先锋树种。宜孤植作庭荫树，也可与喜阴花灌木配置树坛、树丛或与其他树种混植风景林，果能吸引鸟类，宜构成鸟语花香的自然景观。居民新村、厂矿绿地都可以用，也是四旁绿化的主要树种。

43. 文冠果（图7–43）

别名：文冠木、文官果、土木瓜、木瓜、温旦革子

拉丁名：Xanthoceras sorbifolium Bunge

科：无患子科

属：文冠果属

形态特征：小乔木，高2~5m；小枝粗壮，褐红色，无毛，顶芽和侧芽有覆瓦状排列的芽鳞。叶连柄长15~30cm；小叶4~8对，膜质或纸质，披针形或近卵形，两侧稍不对称，长2. 5~6cm，宽1. 2~2cm，顶端渐尖，基部楔形，边缘有锐利锯齿，顶生小叶通常3深裂，腹面深绿色，无毛或中脉上有疏毛，背面鲜绿色，嫩时被绒毛和成束的星状毛；侧脉纤细，两面略凸起。花序先叶抽出或与叶同时抽出，两性花的花序顶生。蒴果长达6cm；种子长达1. 8cm，黑色有光泽。花期春季，果期秋初。

图7–43　文冠果

生态习性：喜阳，耐半阴，对土壤适应性很强，耐瘠薄、耐盐碱，抗寒能力强。抗旱能力极强，但不耐涝、怕风，在排水不好的低洼地区、重盐碱地和未固定沙地不宜栽植。

繁育方式：主要用播种法繁殖，也可用分株、压条和根插繁殖。

观赏特性与园林用途：文冠果树姿秀丽，花序大，花朵稠密，花期长，甚为美观。可于公园、庭院、绿地孤植或群植。成龄文冠果根系发达，既扎得深，又分布广，根的皮层占91%，就像根的外面包着很厚的一层海绵一样，能充分吸收和贮存水分。是防风固沙、小流域治理和荒漠化治理的优良树种。

44. 皂角（图7–44）

别名：皂荚

拉丁名：*Gleditsia sinensis*

科：豆科

属：皂荚属

形态特征：高可达30m；枝灰色至深褐色；刺粗壮，圆柱形，常分枝，多呈圆

锥状，长达16cm，叶为1回羽状复叶，小叶3~9对，纸质，卵状披针形至长圆形，先端急尖或渐尖，顶端圆钝，具小尖头，基部圆形或楔形，有时稍歪斜，边缘具细锯齿，上面被短柔毛，下面中脉上稍被柔毛，网脉明显，在两面凸起。花杂性，黄白色，组成总状花序；花序腋生或顶生。荚果带状，长12~37cm，宽2~4cm，劲直或扭曲，果肉稍厚，两面鼓起；果茎长1~3. 5cm；果瓣革质，褐棕色或红褐色，常被白色粉霜；种子多颗，长圆形或椭圆形，长11~13mm，宽8~9mm，棕色，光亮。

图7-44　皂角

生态习性：皂角树喜光，稍耐阴，在微酸性、石灰质、轻盐碱土甚至黏土或沙土均能正常生长。属于深根性植物，具较强耐旱性。

繁育方式：主要为播种繁殖。

观赏特性与园林用途：皂角树为生态经济型树种，耐旱节水，根系发达，可用作防护林和水土保持林。皂荚树耐热、耐寒、抗污染，可用于城乡景观林、道路绿化。皂角冠大荫浓，寿命较长，非常适宜作庭荫树及四旁绿化树种。

45. 碧桃（图7-45）

拉丁名：*Amygdalus persica* L. var. persica f. duplex Rehd.

科：蔷薇科

属：李属

形态特征：乔木，高3~8m；树冠宽广而平展；树皮暗红褐色，老时粗糙呈鳞片状；小枝细长，无毛，有光泽，绿色，向阳处转变成红色，具大量小皮孔；冬芽圆锥形，顶端钝，外被短柔毛，常2~3个簇生，中间为叶芽，两侧为花芽。叶片长圆披针形、椭圆披针形或倒卵状披针形，长7~15cm，宽2~3. 5cm，先端渐尖，基部宽楔形，上面无毛，下面在脉腋间具

图7-45　碧桃

少数短柔毛或无毛，叶边具细锯齿或粗锯齿，齿端具腺体或无腺体；叶柄粗壮，长1~2cm，常具一至数枚腺体，有时无腺体。花单生，先于叶开放，直径2. 5~3. 5cm；花梗极短或无梗。果实形状和大小均有变异，卵形、宽椭圆形或扁圆形，色泽变化由淡绿白色至橙黄色，果梗短而深入果洼；果肉白色、浅绿白色、黄色、橙黄色或红色，多汁有香味，甜或酸甜；核大，离核或黏核，椭圆形或近圆形，表面具纵、横沟纹和孔穴；种仁味苦，稀味甜。花期3~4月，果实成熟期因品种而异，通常为8~9月。

生态习性：喜欢阳光、温暖的生长环境，耐寒能力较好。碧桃比较耐旱，但是不耐水涝，喜肥沃且排水性良好的砂质土壤。

繁育方式：主要为嫁接繁殖。

观赏特性与园林用途：碧桃是常用的园林绿化树木之一，主要是在园林或者是庭院中栽植应用。将碧桃片植或者丛植、孤植，都具有不错的效果。一般庭院栽植，以赏花为主，但大多数还是栽植在公园、湖边或者道路的两旁营造美景，经常会和紫叶李等一起使用。

46. 密胡杨（图7-46）

科：杨柳科

属：杨属

形态特征：为落叶中性乔木，高度一般为10~20m，最高可达28m，胸径最大可达1m。密胡杨叶形多变，主要有披针形叶和卵圆形叶2种，披针形叶着生于幼树和成年树下部萌枝上，卵圆形叶是成年密胡杨的主要叶形，随着密胡杨的成熟，披针形叶变异大。密胡杨主干高大，木材质软，其制品不翘裂，不怕水湿和虫蛀，是良好的建筑用材。密胡杨适宜在干旱大陆性气候环境条件下生长，对温度大幅变化的适应能力很强，在极端最高温达45℃，极端最低温-40℃范围内均能生长，水分供应主要依靠地下潜水，在降水不足100mm，甚至终年无雨的沙漠河岸附近仍能茂盛生长。

图7-46　密胡杨

生态习性：具有喜光、耐盐碱、耐贫瘠、抗干旱、耐寒等抗逆性强的特性。

繁育方式：常用扦插繁殖。

观赏特性与园林用途：密胡杨可用作胡杨林恢复的替代树种，其有生长速度快、干性直、材质优等特点，也可孤植于草坪中央或丛植于林园边缘。

第二节　常绿乔木

1. 油松（图7–47）

别名：短叶马尾松、东北黑松

拉丁名：*Pins tabulaeformis* Carr

科：松科

属：松属

形态特征：树皮下部灰褐色，裂成不规则鳞块，裂缝及上部树皮红褐色；大枝平展或斜向上，老树平顶；小枝粗壮，黄褐色，有光泽，无白粉；冬芽长圆形，顶端尖，微具树脂，芽鳞红褐色。针叶 2 针 1 束，暗绿色，较粗硬，长 10~15（20）cm，径 1. 3~1. 5mm，边缘有细锯齿，两面均有气孔线，横切面半圆形，皮下细胞为间断型 2 层，树脂道 3~8（11），边生，角部和背部偶有中生；叶鞘初呈淡褐色，后为淡黑褐色。雄球花柱形，长 1. 2~1. 8cm，聚生于新枝下部呈穗状，当年生幼球果卵球形，黄褐色或黄绿色，直立。球果卵形或卵圆形，长 4~7cm，有短柄，与枝几乎成直角，成熟后黄褐色，常宿存几年；中部种鳞近长圆状倒卵形，长 1. 6~2cm，宽 1. 2~1. 6cm，鳞盾肥厚、有光泽，扁菱形或扁菱状多角形，横脊明显，纵脊几乎无，鳞脐明显，有刺尖。种子长 6~8mm，连翅长 1. 5~2. 0cm、翅为种子长的 2~3 倍。花期 5 月，球果第二年 10 月上、中旬成熟。

图7–47　油松

生态习性：阳性树种，深根性，喜光、抗瘠薄、抗风，在 –25℃时仍可正常生长。怕水涝、盐碱，在重钙质的土壤上生长不良。

繁育方式：以种子繁育为主。

观赏特性与园林用途：松树树干挺拔苍劲，苗木四季常青，不畏风雪严寒。适于与元宝枫、紫叶李、白蜡、侧柏等配置。

药用价值：《本草汇言》中载“松节，气温性燥，如足膝筋骨，有风有湿，作痛作酸，痿弱无力者，用此立痊。倘阴虚髓乏，血燥有火者，宜斟酌用之。”

2. 樟子松（图7–48）

拉丁名：*Pinus syluestris* L

科：松科

属：松属

形态特征：树冠卵形至广卵形，老树皮较厚有纵裂，黑褐色，常鳞片状开裂，树干上部树皮很薄，褐黄色或淡黄色，薄皮脱落。轮枝明显，每轮5~12个，多为7~9个，20年生前大枝斜上或平展，一年生枝条淡黄色，2~3年后变为灰褐色，大枝基部与树干上部的皮色相同。芽圆柱状椭圆形或长圆卵状不等，尖端钝或尖，黄褐色或棕黄色，表面有树脂。叶2针1束。稀有3针，粗硬，稍扁扭曲，长5~8cm，树脂道7~11条，维管间距较大。冬季叶变为黄绿色，花期5月中旬至6月中旬，属于风媒花，雌花生于新枝尖端，雄花生于新枝下部。一年生小球果下垂，绿色，翌年9~10月成熟，球果长卵形，黄绿色或灰黄色；第三年春球果开裂，鳞脐小，疣状凸起，有短刺，易脱落，每鳞片上生2枚种子，种翅为种子的3~5倍长，种子大小不等，扁卵形，黑褐色、灰黑色、黑色不等，先端尖。

图7–48　樟子松

生态习性：阳性树种，树冠稀疏，针叶多集中在树的表面，孤立或侧方光照充足时，侧枝及针叶繁茂，幼树在树冠下生长不良。樟子松适应性强，在养分贫瘠的风沙土上及土层很薄的山地石砾土上均能生长良好。过度水湿或积水地方，对其生长不利，喜酸性或微酸性土壤。

繁育方式：播种繁殖。

观赏特性与园林用途：主要用于行道树及四旁绿化。

3. 白皮松（图7–49）

别名：白骨松、虎皮松

拉丁名：*Pinus bungeana* Zucc

科：松科

属：松属

形态特征：有明显的主干，或从树干近基部分成数干；枝较细长，斜展，形成宽塔形至伞形树冠，幼树树皮光滑，灰绿色，长大后树皮成不规则的薄块片脱落，露出淡黄绿色的新皮，老则树皮呈淡褐灰色或灰白色，裂成不规则的鳞状块片脱落，脱落后近光滑，露出粉白色的内皮，白褐相间呈斑鳞状；一年生枝灰绿色，无毛；冬芽红褐色，卵圆形，无树脂。针叶 3 针 1 束，粗硬，长 5~10cm，径 1. 5~2mm，叶背及腹面两侧均有气孔线，先端尖，边缘有细锯齿；横切面扇状三角形或宽纺锤形，单层皮下层细胞，在背面偶尔出现 1~2 个断续分布的第二层细胞，树脂道 6~7，边生，稀背面角处有 1~2 个中生；叶鞘脱落。雄球花卵圆形或椭圆形，长约 1cm，多数聚生于新枝基部呈穗状，长 5~10cm。球果通常单生，初直立，后下垂，成熟前淡绿色，熟时淡黄褐色，卵圆形或圆锥状卵圆形，长 5~7cm，径 4~6cm，有短梗或无梗；种鳞矩圆状宽楔形，先端厚，鳞盾近菱形，有横脊，鳞脐生于鳞盾的中央，明显，三角状，顶端有刺，刺之尖头向下反曲，稀尖头不明显；种子灰褐色，近倒卵圆形，长约 1m，径 5~6mm，种翅短，赤褐色，有关节易脱落，长约 5mm；子叶 9~11 枚，针形，长 3. 1~3. 7cm，宽约 1mm，初生叶窄条形，长 1. 8~4cm，宽不及 1mm，上、下面均有气孔线，边缘有细锯齿。花期 4~5 月，球果第二年 10~11 月成熟。

图7–49　白皮松

生态习性：喜光树种，耐瘠薄，耐寒，在较干冷的气候里有很强的适应能力；在气候温凉、土层深厚、肥沃而湿润的钙质土和黄土上生长良好。喜光、耐旱、耐干燥瘠薄、抗寒力强，是松类树种中能适应钙质黄土及轻度盐碱土壤的主要针叶树种。在深厚肥沃、向阳温暖、排水良好之地生长最为茂盛。对二氧化硫有较强的抗性。

繁育方式：以播种繁殖为主。

观赏特性与园林用途：白皮松干皮斑驳美观，针叶短粗亮丽，是不错的历史园林绿化传统树种，在园林配置上用途十分广阔，它可以孤植，对植，也可丛植成林或作行道树，均能获得良好效果。它适于庭院中堂前、亭侧栽植，使苍松奇峰相映成趣，颇为壮观。

4. 马尾松（图7–50）

拉丁名：*Pinus massoniana* Lamb

科：松科

属：松属

图7–50　马尾松

形态特征：一年生板条淡黄褐色，无毛；冬芽褐色。针叶每束2根，细长而柔韧，边缘有细锯齿，长12~20cm，先端尖锐；树脂管4~7个，边生；叶鞘膜质。花单性，雌雄同株；雄花序无柄，柔荑状，腋生在新枝的基部，雄蕊螺旋状排列，雌花序球形，一至数个生于新枝的顶端或上部。球果长圆状卵形，长4~8cm，直径2. 5~5cm，成熟后栗褐色；种鳞的鳞片盾平或微肥厚，微有横脊；鳞脐微上凹，无刺尖，很少有短刺尖。种子长卵圆形，有翅。花期4~5月，果期9~10月。

生态习性：马尾松是阳性树种，不耐庇荫，喜光、喜温。根系发达，主根明显，有根菌。对土壤要求不严格，喜微酸性土壤，但怕水涝，不耐盐碱，在石砾土、沙质土、黏土、山脊和阳坡的冲刷薄地上，以及陡峭的石山岩缝里都能生长。

繁育方式：以播种繁殖为主。

观赏特性与园林用途：马尾松高大雄伟，姿态古奇，适宜山涧、谷中、岩际、池畔、道旁配置和山地造林。在庭前、亭旁、假山之间孤植。

5. 云杉（图7–51）

拉丁名：*Picea asperata* Mast

科：松科

属：云杉属

形态特征：树皮淡灰褐色或淡褐灰色，裂成不规则鳞片或稍厚的块片脱落；小枝有疏生或密生的短柔毛，或无毛，一年生时淡褐黄色、褐黄色、淡黄褐色或淡红褐色，叶枕有白粉，或白粉不明显，2~3年生时灰褐色、褐色或淡褐灰色；冬芽圆锥形，有树脂，基部膨大，上部芽鳞的先端微反曲或不反曲，小枝基部宿存芽鳞的先端多少向外反卷。主枝之叶辐射伸展，侧枝上面枝叶向上伸展，下面及两侧枝叶向上方弯伸，四棱状条形，长 1~2cm，宽 1~1.5mm，微弯曲，先端微尖或急尖，横切面四棱形，四面有气孔线，上面每边 4~8 条，下面每边 4~6 条。球果圆柱状矩圆形或圆柱形，上端渐窄，成熟前绿色，熟时淡褐色或栗褐色，长 5~16cm，径 2.5~3.5cm；中部种鳞倒卵形，长约 2cm，宽约 1.5cm，上部圆或截圆形则排列紧密，或上部钝三角形则排列较松，先端全缘，或球果基部或中下部种鳞的先端两裂或微凹，苞鳞三角状匙形，长约 5mm；种子倒卵圆形，长约 4mm，连翅长约 1.5cm，种翅淡褐色，倒卵状矩圆形；子叶 6~7 枚，条状锥形，长 1.4~2cm，初生叶四棱状条形，长 0.5~1.2cm，先端尖，四面有气孔线，全缘或隆起的中脉上部有齿毛。花期 4~5 月，球果 9~10 月成熟。

图7-51　云杉

生态习性：云杉耐阴、耐寒、喜欢凉爽湿润的气候和肥沃深厚、排水良好的微酸性砂质土壤，生长缓慢，浅根性树种，喜空气湿润气候，喜生于中性和微酸性土壤，也能适应微碱性土壤，喜排水性良好、疏松肥沃的沙壤土。

繁育方式：云杉以播种繁殖为主。

观赏特性与园林用途：云杉的树形端正，枝叶茂密，在庭院中既可孤植，也可片植。盆栽可作为室内的观赏树种，多用在庄重肃穆的场合，冬季圣诞节前后，多置放在饭店、宾馆和一些家庭中作圣诞树装饰。云杉叶上有明显粉白气孔线，远眺如白方缭绕，苍翠可爱，作庭园绿化观赏树种，可孤植、丛植或与桧柏、白皮松配植，或作草坪衬景。品种有欧洲云杉、青海云杉、日本云杉、台湾云杉、西藏云杉、新疆云杉、雪岭杉、油麦吊云杉、鱼鳞云杉等。

6. 青扦（图7-52）

别名：魏氏云杉、细叶云杉

拉丁名：*Picea wilsonii* Mast.

科：松科

属：云杉属

形态特征：冠圆锥形，一年生小枝淡

图7-52　青扦

黄绿、淡黄或淡黄灰色，无毛；以后变为灰色、暗灰色。冬芽卵圆形，无树脂，芽鳞排列紧密，小枝基部宿存的芽鳞不反卷（与同属其他植物的重要区别）。叶较细，先端尖。

生态习性：性强健，适应力强，耐阴性强，耐寒，喜凉爽湿润气候，喜排水良好，适当湿润的中性或微酸性土壤。

繁育方式：以播种繁殖为主。

观赏特性与园林用途：树形整齐，叶较白，细密，在庭院中既可孤植，也可片植，多用在庄重肃穆的场合。

7. 刺柏（图7–53）

别名：山刺柏、台湾柏

拉丁名：*Juniperus formosana* Hayata

科：柏科

属：刺柏属

形态特征：常绿小乔木，高达 12m，胸径 2. 5m；树皮灰褐色，纵裂，呈长条薄片脱落；树冠塔形，大枝斜展或直伸，小枝下垂，三棱形。叶全部刺形，坚硬且尖锐，长 12~20mm，宽 1. 2~2mm，3 叶轮生，先端尖锐，基部不下延；表面平凹，中脉绿色而隆起，两侧各有 1 条白色气孔带，较绿色的边带宽；背面深绿色而光亮，有纵状。雌雄同株或异株，球果近圆球形，肉质，直径 6~10mm，顶端有 3 条皱纹和三角状区钝尖突起，淡红色或淡红褐色，成熟后顶梢开裂，有种子 1~3 粒。种子半月形，有 3 棱，2 年成熟，熟时淡红褐色。花期 4 月，果需要 2 年成熟。

图7–53　刺柏

生态习性：喜光，耐寒，耐旱，主侧根均甚发达，在干旱沙地、在肥沃通透性土壤生长最好。向阳山坡以及岩石缝隙处均可生长，作为石园点缀树种最佳。

繁育方式：以种子繁育为主，也可扦插繁育。

观赏特性与园林用途：树形美观，作为石园点缀树种最佳。

8. 桧柏（图7–54）

别名：圆柏

拉丁名：*Sabina chinensis*

科：柏科

属：刺柏属

形态特征：常绿乔木，高达20m，胸径3. 5m，树冠尖塔形或圆锥形；老树整株树形呈广卵形、球形或钟形。叶2型，幼树或基部徒长的萌蘖枝上多为三角状钻形，3叶轮生，基部有关节并向下延生；老树多为鳞形叶，对生，紧密贴于小枝上；亦有从小一直全为钻形叶的植株。花雌雄异株，雄球花秋季形成，次年开放，花黄色，雌球花形小，球果次年成熟，浆果状不开裂，外被白粉。

图7–54　桧柏

生态习性：桧柏喜光、幼树耐庇荫，喜温凉气候，较耐寒，适肥厚湿润砂质壤土，能生于酸性、中性及石灰质土壤上，对土壤的干旱及潮湿均有一定的抗性。但以在中性、深厚而排水良好处生长最佳。忌水湿；萌芽力强，耐修剪，寿命长；深根性，侧根也很发达。对多种有害气体有一定抗性，是针叶树中对氯气和氟化氢抗性较强的树种。对二氧化硫的抗性显著胜过油松。能吸收一定数量的硫和汞，阻尘和隔音效果良好。

繁育方式：常采用播种或扦插繁殖。

观赏特性与园林用途：作绿篱较好，耐修剪，可植于建筑物北侧阴处。本树为中国自古喜用之园林树种之一，宜与宫殿式建筑相配合。

9. 祁连圆柏（图7–55）

拉丁名：*sabina chinensis* L .

科：柏科

属：圆柏属

形态特征：常绿乔木，高达12m，稀灌木状；树干直或略扭，树皮灰色或灰褐色，裂成条片脱落；枝条开展或直伸，枝皮裂成不规则的薄片脱落；小枝不下垂，一年生枝的一回分枝圆，径约2mm，二回分枝较密，近等长，方圆形或四棱形，径1. 2~1. 5mm，微呈弧状弯曲或直。叶有刺叶与鳞叶，幼树之叶通常全为刺叶，壮龄树上兼有刺叶与鳞叶，大树或老树则几全为鳞叶；鳞叶交互对生，排列较疏或较密，菱状卵形，长 1. 2~3mm，上部渐狭或微圆，先端尖或微钝、微向外展或向内靠覆，背面多少被蜡粉，稀无蜡粉，腺体位于叶背基部或近基部，圆形、卵圆形或椭圆形；刺叶 3 枚交互轮生，多少开展，长 4~7mm，三角状披针形，上面凹，有白粉带，中脉隆起，下面拱圆或上部具钝脊，先端成角质尖锐。雌雄同株，雄球花卵圆形，长约 2. 5mm，雄蕊 5 对，花药 3。球果卵圆形或近圆球形，长 8~13mm，成熟前绿色，微具白粉，熟后蓝褐色、蓝黑色或黑色，微有光泽，有 1 粒种子；种子扁方圆形或近圆形，卵圆形，两端钝，长 7~9. 5mm，径 6~10mm，具或深或浅的树脂槽，两侧有明显而凸起的棱脊，上部之脊较明显。

图7-55　祁连圆柏

生态习性：喜光树种，较耐阴，喜温凉、温暖气候及湿润土壤。

繁育方式：播种或扦插。

观赏特性与园林用途：树冠整齐为圆锥形，树形优美，大树干枝扭曲，姿态奇古，可以独树成景，是中国传统的园林树种。古庭院、古寺庙等风景名胜区多有千年古柏，“清”“奇”“古”“怪”各具幽趣。常群植草坪边缘作背景，或丛植片林、镶嵌树丛的边缘和建筑附近。

10. 龙柏（图7–56）

拉丁名：cv. *Kaizuka*

科：柏科

属：圆柏属

形态特征：圆柏变种，常绿小乔木，可达 4~8m。喜充足的阳光，适宜种植于排水良好的沙质土壤上。龙柏皮呈深灰色，树干表面有纵裂纹。树冠圆柱状。叶大部分为鳞状叶（与桧柏的主要区别），少量为刺形叶，沿枝条紧密排列成十字对生。花（孢子叶球）单性，雌雄异株，于春天

图7-56　龙柏

开花，花细小，淡黄绿色，并不显著，顶生于枝条末端。浆质球果，表面披有一层碧蓝色的蜡粉，内藏2颗种子。枝条长大时会呈螺旋伸展，向上盘曲，好像盘龙姿态，故名“龙柏”。有特殊的芬芳气味，近处可嗅到。龙柏喜深厚肥沃的土壤，要求排水良好，忌潮湿渍水，否则将引起黄叶，生长不良。幼时生长较慢，3~4年后生长加快，树干高达3m以后，长势又逐渐减弱。龙柏喜阳。凡排水良好、土层深厚之地，生长良好。耐旱力强，夏秋只要将根际或苗床进行覆盖，一般不淋水抗旱也很少死苗，但为促进生长，勤加肥、水，其年生长量高可增50cm。龙柏主枝延伸性强，但在江南不向外开展而向上绕主和干回旋，侧枝排列紧密，全树婉如双龙抱柱，因此下枝要妥善保存，不可随意剪除或损坏，否则将形成吊脚苗，大损观瞻，所以一般不加修剪，任其自然生长。

生态习性：喜阳，稍耐阴。喜温暖、湿润环境，抗寒。抗干旱，忌积水，排水不良时易产生落叶或生长不良。适生于肥沃、深厚的土壤，对土壤酸碱度适应性强，较耐盐碱。对二氧化硫和氯抗性强，但对烟尘的抗性较差。

繁育方式：通常采用扦插和嫁接繁殖。

观赏特性与园林用途：由于树形优美，枝叶碧绿青翠，是公园篱笆绿化首选苗木，所以多被种植于庭园作美化用途。可应用于公园、庭园、绿墙和高速公路中央隔离带。龙柏也可将其攀揉盘扎成龙、马、狮、象等动物形象，也有的修剪成圆球形、鼓形、半球形，单植或列植、群植于庭园，更有的栽植成绿篮，经整形修剪成平直的圆脊形，可表现其低矮、丰满、细致、精细。龙柏侧枝扭曲螺旋状抱干而生，别具一格，观赏价值很高。

11. 侧柏（图7–57）

别名：扁柏、香柏

拉丁名：*Platycladus orientalis* L

科：柏科

属：侧柏属

形态特征：树高一般达20m，胸径可达1m。幼树树冠尖塔形，老树广圆形；树皮薄，淡灰褐色，条片状纵裂；大枝斜出；小枝排成平面，扁平，无白粉。叶鳞片状，叶2型，中央叶倒卵状菱形，背面有腺槽，两侧叶船形，中央叶与两侧叶交互对生。雌雄同株异花，雌雄花均单生于枝顶；雄

图7–57　侧柏

球花有 6 对雄蕊，每雄蕊有花药 2~4；雌球花 4 对珠鳞，中间的 2 对珠鳞各有 1~2 胚珠。球果阔卵形，近熟时蓝绿色被白粉，种鳞木质，红褐色，种鳞 4 对，熟时张开，背部有一反曲尖头，种子脱出，卵形，灰褐色，无翅，有棱脊。幼树树冠卵状尖塔形，老时广圆形，叶、枝扁平，排成一平面，两面同形。花期 3~4 月，种熟期 10~11 月。

生态习性：喜光，幼时稍耐阴，适应性强，对土壤要求不严，在酸性、中性、石灰性和轻盐碱土壤中均可生长。耐干旱瘠薄，萌芽能力强，耐寒力中等。抗风能力较弱。

繁育方式：主要以种子繁育为主，也可扦插或嫁接。

观赏特性与园林用途：侧柏在园林绿化中，有着不可或缺的地位。可用于行道、亭园、大门两侧、绿地周围、路边花坛及墙垣内外，均极美观。小苗可作绿篱，隔离带围墙点缀。是常用的城市绿化植物，侧柏对污浊空气具有很强的耐力，在市区街心、路旁种植，生长良好，不碍视线，吸附尘埃，净化空气。侧柏丛植于窗下、门旁，极具点缀效果。夏绿冬青，不遮光线，不碍视野，尤其在雪中更显生机。侧柏配植于草坪、花坛、山石、林下，可增加绿化层次，丰富观赏美感。它的耐污染性、耐寒性、耐干旱的特点在北方绿化中，得以很好的发挥。

12. 杜松（图7–58）

拉丁名：*Juriperus rigtda* S.

科：柏科

属：刺柏属

形态特征：杜松的枝条直展，形成塔形或圆柱形的树冠；它的枝皮褐灰色，纵裂。杜松的小枝下垂，幼枝三棱形，无毛；叶三叶轮生，条状刺形，质厚坚硬，长 1. 2~1. 7cm，宽约 1mm，其横切面成内凹的“V”状三角形；叶的上部渐窄，先端锐尖，上面凹下成深槽，槽内有 1 条窄白粉带；叶的下面有明显的纵脊；花是黄色雄性花和蓝色雌性花，雌雄异株。杜松的雄球花呈椭圆状或近球状，长 2~3mm，其药隔是先端尖，背面有纵状的三角状宽卵形；杜松球果呈圆球形，直径 6~8mm，成熟前紫褐色，熟时淡褐黑色或蓝黑色，常被白粉。

图7–58　杜松

生态习性：杜松是喜光树种，耐阴。喜冷凉气候，耐寒。对土壤的适应性强，喜石灰岩形成的栗钙土或黄土形成的灰钙土，可以在海边干燥的岩缝间或沙砾地生长。

繁育方式：以播种繁殖为主。

观赏特性与园林用途：杜松可作为园林绿化树种，其枝叶浓密下垂，树姿优美，北方各地栽植为庭园树、风景树、行道树和海崖绿化树种。适宜于公园、庭园、绿地、陵园墓地栽植，适合孤植、对植、丛植和列植，还可以栽植绿篱、盆栽或制作盆景，供室内装饰。

13. 华山松（图7–59）

拉丁名：*Pinus armandii* Franch.

科：松科

属：松属

图7–59　华山松

形态特征：常绿乔木，高达35m，胸径1m；树冠广圆锥形。小枝平滑无形毛，冬芽小，圆柱形，栗褐色。幼树树皮灰绿色，老则裂成方形厚块片固着树上。叶5针1束，长8~15cm。质柔软，边有细锯齿，树脂道多为3，中生或背面2个边生，腹面1个中生，叶鞘早落。球果圆锥状长卵形，长10~20cm，柄长2~5cm，成熟时种鳞张开，种子脱落。种鳞与苞鳞完全分离，种鳞和苞鳞在幼时可区分开来，苞鳞在成熟过程中退化，最后所见到的为种鳞。种子无翅或近无翅，花期4~5月，球果次年9~10月成熟。

生态习性：阳性树，但幼苗略喜一定庇荫。喜温和凉爽、湿润气候，耐寒力强，不耐炎热。

繁育方式：以播种繁殖为主。

观赏特性与园林用途：华山松高大挺拔，针叶苍翠，冠形优美，生长迅速，是优良的庭院绿化树种。华山松在园林中可用作园景树、庭荫树、行道树及林带树，亦可用于丛植、群植，并系高山风景区之优良风景林树种。

第八章　灌木类园林绿化植物

一、常绿灌木

铺地柏（图8–1）

别名：地柏、爬地柏

拉丁名：Sabina procambens（Endl）

科：柏科

属：圆柏属

形态特征：匍匐小灌木，高达75cm，冠幅逾2m，贴近地面伏生，叶全为刺叶，三叶交叉轮生，叶上面有2条白色气孔线，下面基部有2个白色斑点，叶基下延生长，叶长6~8mm；球果球形，内含种子2~3粒。

生态习性：阳性树，耐寒、耐瘠薄，在沙地及石灰质土壤上生长良好，忌低湿地点。

图8–1　铺地柏

繁殖栽培：用扦插法易繁殖。

观赏特性与园林用途：在园林中常用于岩石园、地被、盆景。可配植于岩石园或草坪角隅，又为缓土坡的良好地被植物，各地亦经常盆栽观赏。

二、落叶灌木

1. 牡丹（图8–2）

别名：富贵花、木本芍药、洛阳花

拉丁名：Paeomnia suffrutzcosa Andr

科：毛茛科

属：芍药属

形态特征：落叶灌木，高1~3m。枝多而粗壮。叶呈二回羽状复叶，互生。小叶长4. 5~8cm，阔卵形至卵状长椭圆形，先端3~5裂，基部全缘，叶背有白粉，平滑无毛。

花单生顶枝，大型，径 10~30cm；花型有多种；花色有白、黄、粉、红、紫及复色；花期 4 月下旬至 5 月；果 9 月成熟。

图8-2 牡丹

生态习性：喜温暖而不酷热气候，较耐寒；喜光但忌夏季暴晒，以在弱阴下生长最好，尤其在花期若能适当遮荫可延长花期并且可保持纯正的色泽。但各品种的喜光性略有差异。牡丹为深根性肉质根，喜深厚肥沃、排水良好、略带湿润的沙质壤土，最忌黏土及积水之地；较耐碱，在 pH 为 8 的土壤中能正常生长。花期延续期约 10d。牡丹的花芽是混合芽，在头年 6~7 月开始分化，在 8 月下旬即已初步完成并继续增大。成年牡丹的顶芽大多是混合芽。混合芽在完全分化形成后即进入休眠状态，需经过一个低温期打破休眠，于次春温度升高后始能萌动。但在此休眠期若遇强烈生理刺激也可打破休眠而芽开始萌动。在栽培技术上，我们常利用牡丹的这种特性而获得“不时之花”。牡丹在花灌木类中属于长寿类，但与栽培管理技术的好坏有很大关系；在良好的栽培管理条件下，寿命可达百年以上。

繁殖栽培：可用播种、分株和嫁接法。栽培牡丹最主要的问题是选择和创造适合其生长的环境条件。选择向阳、不积水之地，最好是朝阳斜坡、土质肥沃、排水好的砂质壤土。株行距一般 80~100cm。栽植前深翻土地，栽植坑要适当大，牡丹根部放入其穴内要垂直舒展，不能拳根。栽植不可过深，以刚刚埋住根为好。栽后应及时灌水和封土。经常保持土壤疏松、不生杂草。入冬前灌 1 次水，保证其安全越冬。开春后视土壤干湿情况给水，但不要浇水过大。全年一般施 3 次肥，第 1 次为花前肥，施速效肥，促其花开大开好；第 2 次为花后肥，追施 1 次有机液肥；第 3 次是秋冬肥，以基肥为主，促翌年春季生长。花谢后及时摘花、剪枝，适时摘除多余的蘖芽。为使树形美观和花大，适当进行花枝短剪和疏剪，一般每株以保留 5~6 个分枝为宜，每一枝保留 1~2 个花芽即可。

观赏特性与园林用途：牡丹花大且美，色香俱佳固有“国色天香”的美称，更被评为“花中之王”。在园林中常作专类花园及供重点美化用。又可植于花台、花池观赏。也可自然式孤植或丛植于草坪或配植于庭院。此外亦可盆栽观赏或作切花。

2. 紫叶小檗（图8–3）

别名：红叶小檗、日本小檗

拉丁名：*f. atropurpurea* Rehd

科：小檗科

属：小檗属

形态特征：落叶灌木，枝丛生，幼枝紫红色或暗红色，老枝灰棕色或紫褐色。叶小全缘，菱形或倒卵，紫红到鲜红，叶背色稍淡。4月开花，花黄色。果实椭圆形，果熟后艳红美丽。

图8–3　紫叶小檗

生态习性：紫叶小檗的适应性强，喜阳，耐半阴，但在光线稍差或密度过大时部分叶片会返绿。耐寒，但不畏炎热高温，耐修剪。

繁殖栽培：小檗繁殖主要采用扦插法，也可用分株、播种法。

观赏特性与园林用途：园林常绿树种，作块面色彩布置，可用来布置花坛、花镜，是园林绿化中色块组合的重要树种。

3. 珍珠梅（图8–4）

别名：山高粱条子、高楷子、八本条

拉丁名：*Sorbaria kirilowii*（Reqel）Marim.

科：蔷薇科

属：珍珠梅属

形态特征：灌木，高达2m。枝开展，无毛或微被短柔毛，幼时绿色，老时暗黄褐色或暗红褐色。冬芽卵形，先端圆钝，无毛或被疏柔毛，紫褐色，具数枚鳞片。奇数羽状复叶，小叶7~17枚，连叶柄长13~23cm，叶轴微被短柔毛；托叶叶质，卵状披针形至三角状披针形，边缘有不规则锯齿或全缘，长8~13mm，宽8mm；小叶片对生，无梗或近无柄，相距2~2. 5cm，披针形至卵状披针形，长5~7cm，宽1. 8~2. 5cm，基部近圆形广楔形，偶

图8–4　珍珠梅

有偏斜，先端渐尖，稀尾状尖，边缘有尖锐重锯齿，两面无毛或近无毛，羽状脉，具侧脉 12~16 对，背面明显，顶生圆锥花序大，总花梗和花梗均被星状毛或短柔毛，果期逐渐脱落；花径 10~12mm；萼筒钟状，外面微被短柔毛，萼裂片三角状卵形，先端急尖；花瓣长圆形或倒卵形，长 5~7mm，宽 3~5mm，白色。花期 7~9 月，果期 9~10 月。

生态习性：性喜阳光并具有很强的耐阴性，耐寒、耐湿又耐旱。对土壤要求不严，在一般土壤中即能正常生长，而在湿润肥沃的土壤中长势更强。生长较快，萌蘖力强，耐修剪。可用剔除老枝的方法新旧交替，不断更新复壮。

繁殖栽培：珍珠梅的繁殖以分株法为主，也可扦插、压条和播种。但因种子细小，多不采用播种法。珍珠梅分株繁殖一般在春季萌动前或秋季落叶后进行。将植株根部丛生的萌蘖苗带根掘出，以 3~5 株为 1 丛，另行栽植。栽植时穴内施 2 掀堆肥作基肥，栽后浇透水。以后可 1 周左右浇 1 次水，直至成活。五年生以上的株丛可长成很大的冠幅，可于早春萌芽前将老株丛四周的土壤刨开，然后把周边的根蘖苗逐棵切离母体挖掘出来，移入苗圃培养，1 年以后即可成苗出圃。珍珠梅适应性强，对肥料要求不高，除新栽植株需施少量底肥外，以后不需再施肥，但需浇水，一般在叶芽萌动至开花期间浇 2~3 次透水，立秋后至霜冻前浇 2~3 次水，其中包括 1 次防冻水，夏季视干旱情况浇水，雨多时不必浇水。花谢后花序枯黄，影响美观，因此应剪去残花序，使植株干净整齐，并且避免残花序与植株争夺养分与水分。秋后或春初还应剪除病虫枝和老弱枝，对一年生枝条可进行强修剪，促使枝条更新与花繁叶茂。

观赏特性与园林用途：珍珠梅以其花色似珍珠而得名。珍珠梅俏丽中不失高雅，花、叶清丽，花期很长又值夏季少花季节，是在园林应用上十分受欢迎的观赏树种，孤植、列植、丛植效果甚佳。

4. 山楂（图8–5）

别名：山里果、山里红、酸里红、酸束、红果、红果子

拉丁名：*Crataegus pinnatifida* Bunge

科：蔷薇科

属：山楂属

形态特征：落叶灌木（或小乔木），枝密生，有细刺，幼枝有柔毛。小枝紫褐色，老枝灰褐色。叶片三角状卵形至棱状卵形，长 2~6cm，宽 0. 8~2. 5cm，基部截形或宽楔形，两侧各有 3~5 羽状深裂片，基部 1 对裂片分裂较深，边缘有不规则锐锯齿。复伞房花序，花序梗、花柄都有长柔毛；花白色，有独特气味。直径约 1. 5cm；萼筒外有长柔毛，萼片内外两面无毛或内面顶端有毛。梨果深红色，近球形。花期 5~6

图8-5　山楂

月，果期9~10月。果实较小，类球形，直径0. 8~1. 4cm，有的压成饼状。表面棕色至棕红色，并有细密皱纹，顶端凹陷，有花萼残迹，基部有果梗或已脱落。

生态习性：山楂在山地、平原、丘陵、沙荒地、酸性或碱性土壤，均可栽培。对土壤条件要求以沙性为最好，黏重土则生长较差。

繁殖栽培：用种子、分株、扦插、嫁接繁殖。山楂栽培中对土壤进行深翻熟化，可以改良土壤，增加土壤的通透性，促进树体生长。春季灌水追肥，花后结合追肥浇水，以提高座果率。在麦收后浇1次水，以促进花芽分化及果实的快速生长，冬季及时浇封冻水，以利树体安全越冬。

观赏特性与园林用途：山楂树冠整齐，枝叶繁茂，果实鲜美可爱，容易栽培，是田旁、宅园、道路绿化的良好观赏树种。

5. 月季（图8–6）

别名：月月红、长春花

拉丁名：*Rosa chinensis* Jocd.

科：蔷薇科

属：蔷薇属

图8-6　月季

形态特征：常绿或半常绿低矮灌木，茎有刺，奇数羽状复叶，小叶3~5，广卵至卵状椭圆形，长2. 5~6cm，先端尖，缘有锐锯齿，两面无毛，表面有光泽；花多深红、粉红至近白色，微香；花期4月下旬至10月，果熟期9~11月。

生态习性：适应性强，耐寒耐旱，对土壤要求不严格，但以富含有机质、排水良好的酸性沙壤土为好。喜欢阳光，但是过多的强光直射又对花蕾发育不利，花瓣容易焦枯，喜欢温暖，一般气温在22℃ ~25℃为花生长的适宜温度，夏季高温对开花不利。喜日照充足，空气流通，排水良好而避风的环境。多数品种最适温度白昼15℃ ~26℃，夜间10℃ ~15℃。较耐寒，冬季气温低于5℃即进入休眠。如夏季高温持续30℃以上，则多数品种开花减少，品质降低，进入半休状态。一般品种可耐 -15℃低温。要求富含有机质、肥沃、疏松之微酸性土壤，但对土壤的适应范围较宽。空气相对湿度宜 75%~80%，但稍干、稍湿也可。有连续开花的特性，春、秋两季开花最多最好。需要保持空气流通，无污染，若通气不良易发生白粉病，空气中的有害气体，如二氧化硫、氯、氟化物等均对月季花有毒害。

繁殖栽培：月季多用扦插或嫁接法繁殖，硬枝、嫩枝扦插均宜成活，一般在春季进行。此外还可采用分株繁殖。栽培管理比较简单，新栽植株要重剪。一般老枝仅留 2~4 芽，弱枝、枯枝、病枝及过密枝条齐基部剪除。初冬先灌冬水，重剪后封土保护越冬。但在小气候良好处不重剪和封土，而采用适当包草、基部培土的方法越冬。月季在生长季中发芽开花多次，消耗养料较多，因此要注意多施肥。一般入冬施 1 次基肥，生长季 2~3 次追肥，平时浇水也可掺施少量液肥。这样既可助长发育，使叶茂花大，又可增强对病虫害的抵抗力。月季主要易受白粉病危害，宜选通风、日照良好地势高处栽种。如已发生白粉病，应及早剪除病枝，集中烧毁。

观赏特性与园林用途：月季花色艳丽，花期长，是园林布置的好材料。在花坛、花镜及基础栽植用，在草坪、园路角隅、庭院、假山等处配置也很合适，也可作盆栽及切花用。

6. 黄刺玫（图8–7）

别名：刺玫花

拉丁名：*Rosa kanthina* Lindl.

科：蔷薇科

属：蔷薇属

形态特征：落叶丛生直立灌木，高 1~3m；小枝褐色无毛，有散生硬直皮刺，无刺毛。小叶 7~13，连叶柄长 3~5cm；小叶片宽卵形或近圆形，稀椭圆形，边缘有圆钝锯齿，上面无毛，幼嫩时下面有稀疏柔毛，逐渐脱落；花单生于叶腋，单瓣或重瓣，径约 4. 5~5cm，无苞片；花瓣黄色，宽倒卵形；果近球形或倒卵形，紫褐色或黑褐色，直径约 1cm。花期 4~6 月，果期 7~9 月。

图8–7　黄刺玫

生态习性：性强健，喜光，稍耐阴，耐寒力强。对土壤要求不严，耐干旱和瘠薄，在盐碱土中也能生长。不耐水涝。

繁殖栽培：用分株、压条及扦插法繁殖。选日照充足和排水良好处栽植，栽培管理简单。

观赏特性与园林用途：春天开金黄色花朵，而且花期较长，实为园林春景添色不少。宜于草坪、林缘、路边丛植，也可作绿篱及基础栽植。

7. 紫穗槐（图8–8）

别名：棉槐、棉条、穗花槐

拉丁名：*Amorpha fruticosa* L.

科：豆科

属：紫穗槐属

形态特征：落叶灌木。高1~4m，丛生，枝叶繁密，直伸，皮暗灰色，平滑，小枝灰褐色，有凸起锈色皮孔，幼时密被柔毛；叶互生，奇数羽状复叶，小叶11~25，卵形，狭椭圆形，先端圆形，全缘。总状花序密集顶生或要枝端腋生，萼钟形。荚果弯曲短，长7~9mm，棕褐色。花果期5~10月。

图8–8　紫穗槐

生态习性：性强健，喜光，耐寒、耐旱、耐湿、耐盐碱、抗风沙、抗逆性极强。在荒山坡、道路旁、河岸、盐碱地均可生长。

繁殖栽培：可用种子繁殖及进行根萌芽无性繁殖，萌芽性强，根系发达，每丛可达20~50根萌条，平茬后一年生萌条高达1~2m，2年开花结果，种子发芽率70%~80%。

观赏特性与园林用途：枝叶繁密，又为蜜源植物。根部有根疣可改良土壤，枝叶对烟尘有较强的吸附作用。又可用作水土保持、被覆地面和工业区绿化，常作防护林带的林木用。枝叶作绿肥，枝条用以编框，果实含芳香油，种子含油10%。

8. 锦鸡儿（图8–9）

别名：黄雀花、土黄豆、酱瓣子、阳雀花

拉丁名：*Caragana sintca* Rehd.

科：豆科

属：锦鸡儿属

形态特征：落叶灌木，高可达2m。小枝细长有棱。偶数羽状复叶，在短枝上丛生，在嫩枝上单生，叶轴宿存，顶端硬化呈针刺，托叶2裂，硬化呈针刺，长约8mm；小叶2对，倒卵形，无柄，顶端1对常较大，长5~18mm，顶端微凹有短尖头。春季开花；花单生于短枝叶丛中，蝶形花，黄色或深黄色，凋谢时变褐红色。荚果稍扁，无毛。花期4~5月，果期8~9月。

图8-9　锦鸡儿

生态习性：喜光，常生于山坡向阳处。根系发达，具根瘤，抗旱耐瘠，能在山石缝隙处生长。忌湿涝。萌芽力、萌蘖力均强，能自然播种繁殖。

繁殖栽培：锦鸡儿可用播种、扦插、分株、压条等法繁殖。

观赏特性与园林用途：锦鸡儿干似古铁，开花时满树金黄，宜布置于林缘、路边或建筑物旁，本种叶色鲜绿，花亦美丽，在园林中可植于岩石旁、小路边，或作绿篱用，亦可作盆景材料。锦鸡儿盆景的造型，以独干虬枝、姿态古雅者为佳，也可制作成枝叶纷披下垂之势；或提根露爪，显其老态；或剪扎枝叶，呈朵云状；以达到形美花艳之效。又是良好的蜜源植物及水土保持植物。

9. 柽柳（图8-10）

别名：红柳

拉丁名：*Tamarix chinensis* Lour.

科：柽柳科

属：柽柳属

形态特征：灌木，高3~6m。幼枝柔弱，开展而下垂，红紫色或暗紫色。叶互生，披针形，鳞片状，小而密生，呈浅蓝绿色。花期4~9月，果期6~10月。

图8-10　柽柳

生态习性：适应性强，对气候土壤要求不严。喜光、耐旱、耐寒，亦较耐水湿。极耐盐碱、沙荒地，根系发达，萌生力强，极耐修剪刈割。柽柳是最能适应干旱沙漠环境的树种之一。柽柳还不怕沙埋，被流沙埋住后，枝条能顽强地从沙包中探出头来，继续生长。

繁殖栽培：通常用扦插繁殖。老枝，嫩枝均可。春季选用一年生以上健壮枝条，长 15~20cm，直插于苗床，插穗露过土面 3~5cm，成活率达 95%。平时稍加管理，适当浇水施肥，一年生苗木可高达 1m。此外，还可用播种、压条、分根法繁殖。栽培极易成活，对土质要求不严，疏松的沙壤土、碱性土、中性土均可。栽后适当加以浇水、追肥。柽柳极耐修剪，在春夏生长期可适当进行疏剪整形，剪去过密枝条，以利通风透光，秋季落叶后可进行一次修剪。

观赏特性与园林用途：柽柳枝条细柔，姿态婆娑，开花如红蓼，颇为美观。在庭院中可作绿篱用，适于池畔、桥头、河岸、堤防栽植。沿公路、河流栽植，绿荫垂条，别具风格。柽柳是最能适应干旱沙漠生活的树种之一。它的根很长，可以吸到深层的地下水，长的可达几十米。所以，柽柳是防风固沙的优良树种之一。柽柳还有很强的抗盐碱能力，能在含盐碱 0. 5%~1% 的盐碱地上生长，是改造盐碱地的优良树种。

10. 沙棘（图8–11）

别名：醋柳、酸刺

拉丁名：*Hippophae rhamnoides* L.

科：胡颓子科

属：沙棘属

形态特征：落叶灌木或乔木，高 1~5m，高山沟谷可达 18m。棘刺较多，粗壮，顶生或侧生；嫩枝褐绿色，密被银白色而带褐色鳞片或有时具白色星状毛，老枝灰黑色，粗糙；芽大，金黄色或锈色。单叶通常近对生；叶柄极短；叶片纸质，披针形或长圆状披针形，长 3~8cm，宽约 1cm，两端钝形或基部近圆形，上面绿色，初被白色盾形毛或星状毛，下面银白色或淡白色，被鳞片。果实圆球形，直径 4~6mm，橙黄色或橘红色；果梗长 1~2. 5mm。种子小，黑色或紫黑色，有光泽。花期 4~5 月，果期 9~10 月。

图8–11　沙棘

生态习性：沙棘是一种中肥、中湿型、耐寒冷的植物。对光照有强烈要求。

繁殖栽培：播种繁殖。栽树时就怕窝根，如根系偏长，可适当修剪，使根长保持在 20~25cm 即可。在填土过程中要把树苗往上轻提一下，使根系舒展开。适量浇水。树穴填满土后，适当踩实，然后在其表面覆盖 5~10cm 松散的土。作为防风固沙用的沙棘，只做一些简单的修剪即可。

观赏特性与园林用途：枝叶繁茂而有刺，宜作刺篱，有极好的防风固沙效果，是干旱风沙地绿化的先锋材料。

11. 连翘（图8-12）

别名：黄花杆

拉丁名：*Forsythia suspensa*（thunb）Vahl.

科：木犀科

属：连翘属

形态特征：落叶灌木，高达3m；枝细长并开展呈拱形，节间中空。单叶或有时3出复叶，对生，叶片卵形或卵状椭圆形，长3~10cm，缘有锯齿。花单生或数朵生于叶腋，花萼绿色，4裂，裂片矩圆形；花冠黄色，裂片4，倒卵状椭圆形；4~5月前开放。

图8-12 连翘

生态习性：喜光，有一定程度的耐阴性，耐寒，耐干旱瘠薄，怕涝，不择土壤，抗病虫害能力强。连翘的萌生能力强，在平茬后的根桩或干支，都能繁殖萌生，较快地增加分株的数量，增大分布幅度。连翘的丛高和枝展幅度不同年龄阶段变化不大。连翘枝条更替快，萌生枝长出新枝后，逐渐向外侧弯斜，所以尽管植株不断抽生新的短枝，但是高度基本维持在一个水平上。

繁殖栽培：可扦插、播种、分株繁殖。连翘基部的萌芽能力很强，每年都抽出若干徒长枝，造成养分分散，必须进行合理修剪，去弱保强。秋季修剪时，以疏剪为主，去瘦弱、枯老的枝条。修剪后追施腐熟的堆肥或厩肥，也可配施过磷酸钙，在株旁开沟施入后覆土。6月间从基部清除新发的多余的徒长枝。其他无需特殊管理。

观赏特性与园林用途：连翘枝条拱形开展，早春先叶开花，花开香气淡艳，满枝金黄，艳丽可爱，是早春优良观花灌木。适宜于宅旁、亭阶、墙隅、篱下与路边配置，也宜于溪边、池畔、岩石、假山下栽种。以常绿树作背景，与榆叶梅、绣线菊等配植，更能显现出金黄夺目之色彩；大面积群植于向阳坡地、森林公园，效果也佳；因根系发达，可作花篱或护堤树栽植。

12. 紫丁香（图8-13）

别名：华北紫丁香、丁香

拉丁名：*Syringa oblata* Linall.

科：木犀科

属：丁香属

形态特征：高可达4m，枝条粗壮无毛。叶广卵形，通常宽度大于长度，或楔形，全缘，两面无毛。圆锥花序长6~15cm；花萼钟状，有4齿；花冠堇紫色，端4裂开展；花药生于花冠中部或中上部。蒴果长圆形，顶端尖，平滑。花期4月。

生态习性：喜光，稍耐阴，阴地能生长，但花量少或无花；耐寒性较强；耐干旱，忌低湿；喜欢温润、肥沃、排水良好的土壤。

图8-13　紫丁香

繁殖栽培：播种、扦插、嫁接、压条和分株繁殖。丁香宜栽于土壤疏松而排水良好的向阳处。一般在春季萌发前裸根栽植，株距2~3m。2~3年生苗栽植穴径应在70~80cm，深50~60cm。栽植后浇透水，以后每10天浇1次水，每次浇水后要松土保墒。栽植3~4年生大苗，应对地上枝干进行强修剪，一般从离地面30cm处截干。一般在春季萌动前进行修剪，主要剪除细弱枝、过密枝，并合理保留好更新枝。花后要剪除残留花穗。一般不施肥或仅施少量肥，切忌施肥过多，否则会引起徒长，从而影响花芽形成，反而使开花减少。但在花后应施些磷、钾肥及氮肥。灌溉可依不同栽植环境而有别，4~6月是丁香生长旺盛并开花的季节，每月要浇2~3次透水。到11月中旬和入冬前要灌足水。

观赏特性与园林用途：紫丁香枝叶茂密，花美而香，是本地园林中应用最普遍的花木之一。广泛栽植于庭院、机关、厂矿、居民区等地。常丛植于建筑前、凉亭周围；散植于园路两旁、草坪之中。也可栽植为专类园，可盆栽切花等用。

13. 枸杞（图8-14）

别名：甘杞子

拉丁名：*Lycium barbarum* L.

科：茄科

属：枸杞属

形态特征：高0. 5~1m，栽培时可达2m多。枝条细弱，弓状弯曲或俯垂，淡灰色，有纵条纹，棘刺长 0.5~2cm，小枝顶端锐尖呈棘刺状。浆果红色，卵状，栽培可成长矩圆状或长椭圆状，顶端尖或钝，长 7~15mm，长可达 2.5cm，直径 5~8mm。种子扁肾脏形，长 2.5~3mm，黄色。花果期 6~11 月。

图8-14 枸杞

生态习性：喜光照。对土壤要求不严，耐盐碱、耐肥、耐旱、怕水渍。枸杞根系发达，抗旱能力强，在干旱荒漠地仍能生长。长期积水的低洼地对枸杞生长不利，甚至引起烂根或死亡。适合土层深厚、肥沃的土壤上栽培。

繁殖栽培：播种和扦插繁殖。园林栽植无需特殊管理。

观赏特性与园林用途：枸杞花朵紫红，花期长，夏秋红果累累，缀满枝头，状若珊瑚，颇为美丽，庭院观果灌木。枸杞可丛植于池畔、台坡，也可作河岸护坡，或作绿篱栽植，可作树桩盆栽。

14. 榆叶梅（图8-15）

别名：榆梅、小桃红

拉丁名：*Prunus triloba* Lindl

科：蔷薇科

属：梅属

形态特征：落叶灌木，高 3~5m，小枝细，无毛或幼时稍有柔毛。叶椭圆形至倒卵形。长 3~6cm，单叶互生，其基部呈广楔形，端部 3 裂，边缘有粗锯齿。花单生或簇生，花梗短，紧贴生在枝条上，花径 2~3cm，初开多为深红，渐渐变为粉红色，最后变为粉白色。花有单瓣、重瓣和半重瓣之分；花期为 3~4 月，5 月结果，红色，球形，也很美观。

图8-15 榆叶梅

生态习性：耐寒、耐旱、喜光。对土壤的要求不严，但不耐水涝，喜中性至微碱性、肥沃、疏松的沙壤土。

繁殖栽培：榆叶梅可采用分株、嫁接、压条、扦插、播种等方法进行繁殖。它虽然生性强健，易于栽培，但春季管理却不能放松，如果不重视春天的管理，就会造成树不茂花不繁，影响了观赏效果。栽植榆叶梅，宜在春季进行。定植时，穴内要上足腐熟的基肥，栽后浇透水。每年春季干燥时要浇 2~3 次水。每年 5~6 月可施追肥 1~2 次，以促植株分化花芽。生长过程中，要注意修剪枝条。可在花谢后对花枝进行适度短剪，每一健壮枝上留 3~5 个芽即可。入伏后，再进行一次修剪，并打顶摘心，使养分集中，促使花芽萌发。修剪后可施 1 次液肥。平时还要及时清除杂草，以利植株健康成长。

观赏特性与园林用途：北方春季园林中的重要观花灌木。有较强的抗盐碱能力，适宜当地大量应用，以反映春光明媚、花团锦簇的欣欣向荣景象。与柳树间植或配植山石间，更显春色油然。在园林或庭院中宜苍松翠柏丛植，或宜连翘配植，孤植、丛植或列植为花篱，景观极佳，也可盆栽或作切花。

15. 红刺玫（图8-16）

别名：红蔷薇

拉丁名：*Rosa multiflora* var. *cathayensis*

科：蔷薇科

属：蔷薇属

图8-16 红刺玫

形态特征：直立灌木，高 2~3m；小枝无毛，有散生皮刺，无针毛。小叶 7~13，连叶柄长 3~5cm；小叶片宽卵形或近圆形，稀椭圆形，边缘有圆钝锯齿，上面无毛，幼嫩时下面有稀疏柔毛，逐渐脱落；叶轴、叶柄有稀疏柔毛和小皮刺，托叶条状披针形，大部分贴生于叶柄，离生部分呈耳状，边缘有锯齿和腺毛。花单生于叶腋，单瓣或重瓣，无苞片，花梗无毛，长 1~1. 5cm；萼筒、萼片外面无毛，萼片披针形，全缘，内面有稀疏柔毛；花瓣红色，宽倒卵形；花柱离生，有长柔毛，比雄蕊短很多。果近球形或倒卵形，紫褐色或黑褐色，直径 8~10mm，无毛，萼片于花后反折。花期 4~6 月，果期 7~9 月。

生态习性：喜光，稍耐阴，耐寒力强；对土壤要求不严，耐干旱和瘠薄，在盐碱土中也能生长；不耐水涝。

繁殖栽培：红刺玫的繁殖主要用分株法。因红刺玫分蘖力强，重瓣种又一般不结果，分株繁殖方法简单、迅速，成活率又高。对单瓣种也可用播种，也可采用扦插、压条法繁殖。栽植红刺玫一般在3月下旬至4月初。栽后重剪，栽后浇透水，隔3天左右再浇1次，便可成活。成活后一般不需再施肥，但为了使其枝繁叶茂，可隔年在花后施1次追肥。日常管理中应视干旱情况及时浇水，以免因过分干旱缺水引起萎蔫，甚至死亡。雨季要注意排水防涝，霜冻前灌1次防冻水。花后要进行修剪，去掉残花及枯枝，以减少养分消耗。落叶后或萌芽前结合分株进行修剪，剪除老枝、枯枝及过密细弱枝，使其生长旺盛。对1~2年生枝应尽量少短剪，以免减少花数。红刺玫栽培、管理容易，病虫害少。

观赏特性与园林用途：是北方春末夏初的重要观赏花木，开花时一片红色。鲜艳夺目，且花期较长。适合庭园观赏，可丛植成花篱。

16. 玫瑰（图8-17）

别名：刺玫花

拉丁名：*Rosa rugosa* Thunb

科：蔷薇科

属：蔷薇属

形态特征：直立灌木。茎丛生，有茎刺。单数羽状复叶互生，小叶5~9片，连叶柄5~13cm，椭圆形或椭圆形状倒卵形，长1. 5~4. 5cm，宽1~2. 5cm，先端急尖或圆钝。基部圆形或宽楔形，边缘有尖锐锯齿，上面无毛，深绿色，叶脉下陷，多皱，下面有柔毛和腺体，叶柄和叶轴有绒毛，疏生小茎刺和刺毛；托叶大部分附着于叶柄，边缘有腺点；叶柄基部的刺常成对着生。花单生于叶腋或数朵聚生，苞片卵形，边缘有腺毛，花梗长5~25mm密被绒毛和腺毛，花直径4~5. 5cm，上有稀疏柔毛，下密被腺毛和柔毛；花冠鲜艳，紫红色，芳香。花期5~6月，7~8月零星开放。

图8-17 玫瑰

生态习性：玫瑰生长健壮，适应性很强，耐寒、耐旱，对土壤要求不严，在微碱性土壤上也能生长。喜阳光充足、凉爽而通风及排水良好之处，在肥沃的中性或微酸性轻壤土中生长和开花良好。在阴处生长不良，开花稀少。不耐积水，遇涝则下部叶片黄落，甚至全株死亡。萌蘖力很强，生长迅速。

繁殖栽培：一般以分株、扦插为主。分株在春季进行，每隔2~4年分1次，视植株生长势而定。扦插用硬枝、嫩枝均可。春季化冻后浇水施肥，初冬灌冬水。

观赏特性与园林用途：玫瑰色艳花香，适应性强，最宜作花篱、花镜、花坛及地被栽培。

17. 红瑞木（图8-18）

别名：凉子木、红瑞山茱萸

拉丁名：*Cornus alba* L．

科：山茱萸科

属：梾木属

形态特征：落叶灌木，高3m。树皮紫红色；老枝血红色，无毛，常被白粉，叶片卵形至椭圆形，长4~9cm，宽2.5~5.5cm；侧脉5~6对。伞房状聚伞花序顶生；花小，黄白色；萼坛状，裂片4，萼齿三角形；花瓣4，卵状椭圆形；雄蕊4，着生于花盘外侧，花丝微扁，花药淡黄色，2室，丁字形着生；花盘垫状；子房近于倒卵形，被贴生短柔毛，柱头盘状，宽于花柱。花期6~7月，果期8~10月。

图8-18　红瑞木

生态习性：性极耐寒、耐旱、耐修剪，喜光，喜较深厚湿润但肥沃疏松的土壤。适宜的生长温度是22℃~30℃，光照充足。红瑞木喜肥，在排水通畅，养分充足的环境，生长速度非常快。夏季注意排水，冬季容易冻害。

繁殖栽培：用播种、扦插和压条法繁殖。播种时，种子应沙藏后春播。扦插可选一年生枝，秋冬沙藏后于翌年4月扦插。压条可在5月将枝条环割后割入土中，生根后在翌春与母株割离分栽。定植苗木在早春萌芽应进行更新修剪，将上年生枝条短截，促其萌发新枝，保持枝条红艳。栽培中出现老株生长衰弱，皮涩花老现象时，应注意更新，可在基部留1~2个芽，其余全部剪去，新枝萌发后适当疏剪，当年即可恢复。

观赏特性与园林用途：红瑞木老干暗红色，枝血红色，秋叶鲜红，小果洁白，落叶后枝干红艳如珊瑚，是少有的观茎植物，也是良好的切枝材料。园林中多丛植草坪上或与常绿乔木相间种植，得红绿相映之效果。常丛植作庭院观赏。

18. 水蜡（图8–19）

拉丁名：*Ligustrum obtusifolum* Sieb. et Zucc.

科：木犀科

属：女贞属

形态特征：水蜡是落叶或半常绿灌木，小枝具短柔毛，开张成拱形。叶薄革质，椭圆形至倒卵状长圆形，无毛，顶端钝，基部楔形，全缘，边缘略向外反卷；叶柄有短柔毛。圆锥花絮；花白色，芳香，无梗，花冠裂片与筒部等长；花药超出花冠裂片。核果椭圆形，紫黑色。花期 7~8 月，果熟期 10~11 月。

图8–19　水蜡

生态习性：喜光，稍耐阴，对土壤要求不严。耐修剪，生长快，萌生力强。抗污性强。

繁殖栽培：常采用播种繁殖。

观赏特性与园林用途：是优良的绿篱和整形树种，也可丛植于庭园和草坪边缘。水蜡是萌芽力、成枝力强，耐修剪的树种，密集呈带状栽植而成，起交通道路美化和分隔功能区的作用。栽培的养护与管理主要在于修剪造型。一是用于自然的修剪与整形。首先要观察植株生长的周围环境、光照条件、植物种类、长势强弱及其在园林中所起的作用，做到心中有数，然后再进行修剪与整形。幼树生长旺盛，以整形为主，宜轻剪。严格控制直立枝、斜生枝的上位芽有冬剪时应剥掉，防止生长直立枝。一切病虫枝、干枯枝、人为破坏枝、徒长枝等用疏剪方法剪去。丛生花灌木的直立枝，选生长健壮的加以摘心，促其早开花。老弱树木以更新复壮为主，采用重短截的方法，使营养集中于少数腋芽，萌发壮枝，及时疏删细弱枝、病虫枝、枯死枝。二是用于绿篱的修剪与整形。绿篱的高度依其防范对象来决定，有绿墙（160cm 以上）、高篱（120~160cm）、中篱（50~120cm）和矮篱（50cm 以下）。绿篱进行修剪，既为了整齐美观，增添园景，也为了使篱体生长茂盛，长久不衰。为了美观和丰富园景，多采用几何图案式的修剪整形，如矩形、梯形、倒梯形、篱面波浪形等。绿篱种植后剪去高度的 1/3~1/2，修去平侧枝，统一高度和侧萌发成枝条，形成紧枝密叶的矮墙，显示立体美。绿篱每年最好修剪 2~4 次，使新枝不断发生，更新和替换老枝。整形绿篱修剪时，顶面与侧面兼顾，不应只修顶面不修侧面，这样会造成顶部枝条旺长，侧枝斜出生长。从篱体横断面看、以矩形和基大上小的梯形较好，下面和侧面枝叶采光充足，通风，不能任枝条随意生长而破坏造型，应每年多次修剪。

19. 紫叶矮樱（图8-20）

拉丁名：*Pruuus* × *cistena*

科：蔷薇科

属：李属

形态特征：落叶灌木或小乔木，株高1.8~2.5m，冠幅1.5~2.8m，枝条幼时紫褐色，老枝有皮孔。单叶互生，叶长卵形或卵状长椭圆形，长4~8cm，先端渐尖，叶紫红色或深紫红色，叶缘有不整齐的细钝齿。花单生，中等偏小，淡粉红色，花瓣5片，微香，花期4~5月。

图8-20　紫叶矮樱

生态习性：紫叶矮樱适应性强，对土壤要求不严格，在排水良好、肥沃的沙壤土、轻度黏土上生长良好。性喜光，耐寒能力较强，冬季可以安全越冬。抗病力强，很少有病虫危害，极耐修剪，半阴条件仍可保持紫红色，根系特别发达，吸收力强，对水、肥条件要求不严格，在干旱、瘠薄以及砾石条件下可以正常生长。

繁殖栽培：紫叶矮樱一般采用嫁接和扦插繁殖，嫁接砧木一般采用山杏、山桃，以杏砧最好。春季采用切接，夏、秋季采用芽接；扦插生根率达85%，成活率可达80%。紫叶矮樱具有蔷薇科植物的一般生物学特性，萌蘖力强，故在园林栽培中极易培养成球型或绿篱，通过多次摘心形成多分枝，冬季前剪去杂枝，对徒长枝进行重截。盆栽花谢后换盆，剪短花枝，只留基部2~3芽，可以用截干蓄枝法造型，对主干、主导枝及时攀扎，多见阳光。6月下旬盆栽控制水肥，注意造型，促进枝条充实。

观赏特性与园林用途：紫叶矮樱在整个生长季节内其叶片呈紫红色，亮丽别致，树形紧凑，叶片稠密，整株色感表现非常好。紫红色在整个叶片生长周期中稳定，是优于其他紫叶植物的突出特点之一，紫叶矮樱自新生叶片到落叶自始至终显紫红色，树冠整体颜色分布均匀，季节差异小。随着近年来紫叶李叶色严重退化，树形松散，紫叶矮樱在园林绿化上地位愈加突出。在盆栽应用方面，可制成中型和微型盆景，可用老杏树桩子多头嫁接，经造型后点缀居室、客厅，古朴、典雅。

20. 贴梗海棠（图8-21）

别名：皱皮木瓜

拉丁名：*Chaenomeles speciosa*（Sweet）Nakai C.　Lagenaria Koidz.

科：蔷薇科

属：木瓜属

图8-21　贴梗海棠

形态特征：落叶灌木，高达2m，具枝刺；小枝圆柱形，开展，粗壮，嫩时紫褐色，无毛，老时暗褐色。叶片卵形至椭圆形，稀长椭圆形，长3~10cm，宽1. 5~5cm，先端急尖，稀圆钝，基部楔形至宽楔形，边缘具尖锐细锯齿，齿尖开展，表面微光亮，深绿色，无毛，背面淡绿色，无毛；叶柄长1~1. 5cm，无毛；托叶大，叶状卵形或肾形，边缘具尖锐重锯齿，无毛。花2~6朵簇生于二年生枝上，直径3. 5~5cm，叶前或与叶同时开放；花梗粗短，长3mm或近于无梗，无毛；萼筒外面无毛；萼裂片直立，近半圆形，先端圆钝，全缘或有波状齿，边缘有黄褐色睫毛，外面无毛，里面被稀疏柔毛，长为萼筒之半；花瓣近圆形或倒卵形，具短爪，长1~1. 5cm，猩红色或淡红色，梨果球形至卵形，直径3~5cm，黄色或黄绿色，有不明显的稀疏斑点，芳香，果梗短或近于无。花期4月，果期10月。

生态习性：喜光，较耐寒，不耐水涝，不择土壤，但喜肥沃、深厚、排水良好的土壤。

繁殖栽培：贴梗海棠的繁殖主要用分株、扦插和压条，播种也可以。贴梗海棠管理较简单，因其开花以短枝为主，故春季萌发前需将长枝适当短截，整剪成半球形，以刺激多萌发新梢。夏季生长期间，对生长枝还要进行摘心。栽培管理过程中要注意旱季浇水，伏天最好施一次腐熟有机肥，或适量复合肥料（N、P、K元素）。

观赏特性与园林用途：贴梗海棠的花色红黄杂糅，相映成趣，是良好的观花、观果花木。多栽培于庭园，供绿化用，也供作绿篱的材料，可孤植或与连翘丛植。

21. 绣线菊（图8-22）

别名：蚂蝗梢

拉丁名：*Spiraea salicifolia* L.

科：蔷薇科

属：绣线菊属

形态特征：丛生灌木，高 1~2m。叶长椭圆形至披针形，长 4~8cm，两面无毛。花粉红色，顶生圆锥花序。

生态习性：喜光也稍耐阴，抗寒，抗旱，喜温暖湿润的气候和深厚肥沃的土壤。萌蘖力和萌芽力均强，耐修剪。

繁殖栽培：播种、分株、扦插均可。

观赏特性与园林用途：枝繁叶茂，叶似柳叶，小花密集，花色粉红，花期长，自初夏可至秋初，娇美艳丽，是良好的园林观赏植物和蜜源植物。

图8-22　绣线菊

22. 红王子锦带（图8-23）

拉丁名：*Weigela florida cv. RedPrince* A. DC

科；忍冬科

属：锦带花属

形态特征：落叶灌木，株高 1. 5~2m，花期自 4 月陆续开到 9 月，枝条开展成拱形。聚伞花序生于叶腋或枝顶，花冠漏斗状钟形，鲜红色，着花繁多，艳丽而醒目。

生态习性：喜光，抗旱抗高温、耐寒，抗盐碱，抗病虫性较强，畏水涝。喜肥沃、湿润、排水良好的土壤。红王子锦带抗寒、抗旱适应性强。

图8-23　红王子锦带

繁殖栽培：可采用播种、扦插、分株或压条等多种方法进行繁殖。早春在红王子锦带枝条萌动前应将干枯枝条剪掉，并适当追施肥料，以促进新枝健壮生长。夏季高温时节应注意排水，以防根腐病。冬季不需防寒。在培育过程中，既可以修剪成球型，也可培养成独干型。夏季在生长旺盛时期，要注意修剪。冬季入冬前，要浇 1 次肥水，以提高其抗寒的能力，促进来年鲜花盛开。

观赏特性与园林用途：红王子锦带系锦带花的一个园艺品种，是近年中国园艺工作者从美国新引进的优良树种。性喜光，抗寒，抗旱，管理比较简单，也较耐阴，对土壤要求不严。红花点缀绿叶中，甚为美观，可孤植于庭院的草坪之中，也可丛植于路旁，也可用来作色块，树形格外美观，是锦带花的换代品种，具有很高的观赏价值。该品花期长，每年“五一”花朵盛开直到降霜为止，只要有新叶萌发，就有新的花蕊出现。修剪一次，发一次芽，花更旺。

23. 金叶莸（图8–24）

拉丁名：*Caryopteris clandonensis*‘*Worcester Gold*’

科：马鞭草科

属：莸属

形态特征：直立或披散灌木，株高50~60cm，枝条圆柱形。单叶对生，叶长卵形，长3~6cm，叶端尖，基部圆形，边缘有粗齿。叶面光滑，鹅黄色至金色，叶背具银色毛。聚伞花序紧密，腋生于枝条上部，自下而上开放；花萼钟状，二唇形裂，下萼片大而有细条状裂，雄蕊；花冠、雄蕊、雌蕊均为淡蓝色，花期在夏末秋初的少花季节（7~9月），可持续2~3个月。

图8–24　金叶莸

生态习性：耐旱、耐寒、可粗放管理，在–20℃以上的地区能够安全露地越冬。生长季节愈修剪，叶片的黄色愈加鲜艳。

繁殖栽培：播种或扦插繁殖。该树种繁殖较容易，贴近地面蔓生的枝条易产生不定根，形成新的植株。扦插繁殖常采用半木质化枝条。该树种栽培管理简单，不需特殊管理，而且耐修剪，成龄植株早春地上留10cm重剪，到秋季却能长到高50~60cm、冠径40~50cm的健壮植株，且能大量开花。

观赏特性与园林用途：园林用途较广，单一造型组团，或与红叶小檗、侧柏、桧柏等搭配组团，黄、红、绿，色差鲜明，组团效果极佳。特别在草坪中，流线型大色块组团，亮丽而抢眼，常常成为绿化效果中的点睛之笔。可植于草坪边缘、假山旁、水边、路旁，是良好的彩叶树种，是点缀夏秋景色的好材料。

24. 接骨木（图8–25）

拉丁名：*Sambucus williamsii* Hance

科：忍冬科

属：接骨木属

形态特征：灌木至小乔木，高达6m。老枝有皮孔，光滑无毛，髓心淡黄棕色。奇数羽状复叶，对生，小叶5~7（11），椭圆状披针形，长5~15cm，基部楔形，常不对称，边缘具不整齐锯齿，两面光滑无毛，揉碎后有臭气。花与叶同出，圆锥聚伞花序顶生，长 5~11cm；萼筒杯状；花冠辐状，白色至淡黄色，裂片 5；雄蕊 5，与花冠裂片等长。浆果状核果近球形，直径 3~5mm，黑紫色或红色；核 2~3 颗。花期 4~5 月，果期 6~7 月。

图8-25　接骨木

生态习性：性强健，喜光，耐寒，耐旱。根系发达，萌蘖性强。

繁殖栽培：播种、扦插、分株均可。常用扦插和分株繁殖。扦插，每年 4~5 月，剪取一年生充实枝条 10~15cm，插于沙床，插后 30~40d 生根。分株，秋季落叶后，挖取母枝，将其周围的萌蘖枝分开栽植。

观赏特性与园林用途：接骨木枝叶繁茂，春季白花满树，夏秋红果累累，是良好的观赏灌木，宜植于草坪、林缘或水边；也有较强的抗性，故可用于城市、工厂的防护林。

25. 四季玫瑰（图8-26）

别名：紫枝玫瑰、无刺玫瑰

拉丁名：*Rosa rugosa* Thunb

科：蔷薇科

属：蔷薇属

形态特征：落叶灌木，株高1. 6m，冠幅1. 5m，花为紫红色，香气浓郁甜美，花径可达10cm以上，开花期4月下旬至10月下旬。花后结果，果实呈砖红色。枝条光滑无刺呈亮紫色，抗病力强。形较开张，株丛高达2m；叶为奇数羽状复叶，叶脉稍下陷，小叶7~9枚，叶片大而平展，叶色较淡，质薄，托叶瘦长。花单生或聚生，花色及香气较平阴玫瑰淡；具有结实能力，聚合瘦果9月下旬成熟，果皮多肉，味酸甜，果内有多枚种子。

图8-26　四季玫瑰

生态习性：喜光，适应性强，生长迅速，新枝萌发多，长势强，多次开花的特点表现明显。喜湿润凉爽，耐寒、耐旱、耐瘠薄、耐修剪，土壤以富含有机质的中性或微碱性土壤为佳。棕壤土最好，黄壤土次之。

繁育方式：主要为扦插繁殖和分株繁殖。

观赏特性与园林用途：夏秋赏花，秋季看果，冬春观枝，具有四季观赏价值。园林设计中一般不会大量使用，点缀使用较多，如有要求在规划中突出玫瑰花，则可在设计时将其作为一个单独景观，选择长势良好的植株作观赏用，亦可大量栽成一景或小园，观其色嗅其香。

26. 探春花（图8–27）

别名：迎夏、鸡蛋黄、牛虱子

拉丁名：*Jasminum floridum* Bunge

科：木犀科

属：素馨属

形态特征：直立或攀援半常绿灌木，高0.4~3m。小枝褐色或黄绿色，当年生枝草绿色，扭曲，四棱，无毛。叶互生，复叶，小叶3或5枚，稀7枚，小枝基部常有单叶；叶柄长2~10mm；叶片和小叶片上面光亮，干时常具横皱纹，两面无毛，稀沿中脉被微柔毛；小叶片卵形、卵状椭圆形至椭圆形，稀倒卵形或近圆形，长0.7~3.5cm，宽0.5~2cm，先端急尖，具小尖头，基部楔形或圆形，中脉在上面凹入，下面凸起，侧脉不明显；顶生小叶片常稍大，具小叶柄，长0.2~1.2cm，侧生小叶片近无柄；单叶通常为宽卵形、椭圆形或近圆形，长1~2.5cm，宽0.5~2cm。果长圆形或球形，直径5~10mm，成熟时呈黑色。花期5~9月，果期9~10月。

图8–27　探春花

生态习性：性喜温暖、湿润、阳光充足，较耐热，不耐寒，对土壤适应性较强，以肥沃、疏松、排水良好的土壤环境为佳。

繁育方式：常用压条、扦插和分株繁殖。

观赏特性与园林用途：探春花株态优美，叶丛翠绿，花色金黄，清香四溢，除适用于园景布置和盆栽以外，瓶插水养也可生根，花期可持续时间长。

27. 欧李（图8–28）

别名：钙果、山梅子、小李仁、牛李

拉丁名：*Cerasus humilis* (Bge.) Sok.

科：蔷薇科

属：樱桃属

形态特征：灌木植物，高0.4~1.5m。小枝灰褐色或棕褐色，被短柔毛。冬芽卵形，疏被短柔毛或几无毛。叶片倒卵状长椭圆形或倒卵状披针形，长2.5~5cm，宽1~3cm，中部以上最宽，先端急尖或短渐尖，基部楔形，边有单锯齿或重锯齿，叶面深绿色，无毛，叶背浅绿色，无毛或被稀疏短柔毛，侧脉6~8对；叶柄长2~4mm，无毛或被稀疏短柔毛；托叶线形，长5~6mm，边有腺体。花单生或2~3花簇生，花叶同开；花梗长5~10mm，被稀疏短柔毛。核果成熟后近球形，红色、黄色、橘红色或紫红色，直径1.5~1.8cm。花期4~5月，果期6~10月。

图8–28　欧李

生态习性：钙果根系庞大，抗旱能力强，密集成网状结构，是防风固沙、治理荒漠的先锋植物。适宜土壤为pH7. 0~8. 0。

繁育方式：可采用扦插、分蘖、播种进行繁殖。

观赏特性与园林用途：是绿化、美化、香化、彩化环境的材料，可春季观花、夏季赏叶、秋季品果。在街道路旁、房前屋后栽植，既可防止水土流失，又能美化环境。

第九章　藤本类园林绿化植物

1. 金银花（图9-1）

别名：忍冬、金银藤、二色花藤、右转藤、子风藤、鸳鸯藤

拉丁名：*Lonricera japonica* Thunb.

科：忍冬科

属：忍冬属

形态特征：多年生半常绿缠绕木质藤本植物。“金银花”一名出自《本草纲目》，由于忍冬花初开为白色，后转为黄色，因此得名金银花。花呈棒状，上粗下细，略弯曲，长 2~3cm，上部直径 3mm，下部直径 1.5mm，表面黄白色或绿白色，密被短柔毛。偶见叶状苞片，花萼绿色、先端 5 裂，裂片有毛，长约 2mm，开放时花冠筒状，先端二唇形。

图9-1　金银花

生态习性：适应性很强，喜阳、耐阴，耐寒性强，也耐干旱和水湿，对土壤要求不严，酸性、盐碱地均能生长，但以湿润、肥沃的深厚砂质壤上生长最佳，每年春夏两次发梢。在当年生新枝上孕蕾开花。根系繁密发达，萌蘖性强，茎蔓着地即能生根，是一种很好的固土保水植物，山坡、河堤等处都可种植。

繁殖栽培：采用种子繁殖，或扦插、压条、分株均可。托插法简单易行，容易成活，生产上使用得最多。金银花不需特殊管理。

观赏特性与园林用途：由于匍匐生长能力比攀援生长能力强，故更适合于在林下、林缘、建筑物北侧等处作地被栽培；金银花还可以作绿化矮墙，亦可以利用其缠绕能力制作花廊、花架、花栏、花柱以及缠绕假山石等。优点是蔓生长量大，管理简单，缺点是蔓与蔓缠绕，地面覆盖高低不平，给人杂乱无章之感。

2. 爬山虎（图9–2）

别名：地锦、爬墙虎

拉丁名：*Parthenocissus tricuspidata*（Sieb. et Zucc）Planch

科：葡萄科

属：爬山虎属

图9–2　爬山虎

形态特征：爬山虎属多年生大型落叶木质藤本植物，其形态与野葡萄藤相似。藤茎可长达 18m。夏季开花，花小，成簇不显，黄绿色或浆果紫黑色，与叶对生。花多为两性，雌雄同株，聚伞花序常着生于两叶间的短枝上，长 4~8cm，较叶柄短；花 5 数；萼全缘；花瓣顶端反折，子房 2 室，每室有 2 胚珠。树皮有皮孔，髓白色。枝条粗壮，老枝灰褐色，幼枝紫红色。枝上有卷须，卷须短，多分枝，卷须顶端及尖端有黏性吸盘，遇到物体便吸附在上面，无论是岩石、墙壁或是树木，均能吸附。叶互生，小叶肥厚，基部楔形，变异很大，边缘有粗锯齿，叶片及叶脉对称。花枝上的叶宽卵形，长 8~18cm，宽 6~16cm，常 3 裂，或下部枝上的叶分型成 3 小叶，基部心形。叶绿色，无毛，背面具有白粉，叶背叶脉处有柔毛，秋季变为鲜红色。幼枝上的叶较小，常不分裂。浆果小球形，熟时蓝黑色，被白粉，鸟喜食。花期 6 月，果期大概在 9~10 月。

生态习性：爬山虎适应性强，性喜阴湿环境，但不怕强光，耐寒，耐旱，耐贫瘠，气候适应性广泛。耐修剪，怕积水，对土壤要求不严，阴湿环境或向阳处，均能茁壮生长，但在阴湿、肥沃的土壤中生长最佳。它对二氧化硫等有害气体有较强的抗性。爬山虎占地少、生长快，绿化覆盖面积大。一根茎粗 2cm 的藤条，种植两年，墙面绿化覆盖面积可达 30~50m^2。

繁殖栽培：用播种、扦插、压条繁殖。爬山虎可种植在阴面和阳面，寒冷地区多种植在向阳地带。爬山虎对氯化物的抵抗力较强，适合空气污染严重的工矿区栽培。幼苗生长 1 年后即可粗放管理，在北方冬季能忍耐 –20℃的低温，不需要防寒保护。移植或定植在春季进行，定植前施入有机肥料作为基肥，并剪去过长茎蔓，浇足水，容易成活。一年生苗株高可达 1m。房屋、楼墙根或院墙根处种植，应离墙基 50~100cm 挖坑，株距一般以 1. 5m 为宜。

观赏特性与园林用途：夏季枝叶茂密，常攀缘在墙壁或岩石上，适于配植宅院墙壁、围墙、庭园入口处、桥头等处。可用于绿化房屋墙壁、公园山石，既可美化环境，又能降温，调节空气，减少噪音。由于爬山虎的茎叶密集，覆盖在房屋墙面上，不仅可以遮挡强烈的阳光，而且由于叶片与墙面之间的空气流动，还可以降低室内温度。它作为屏障，既能吸收环境中的噪音，又能吸附飞扬的尘土。爬山虎的卷须式吸盘还能吸去墙上的水分，有助于使潮湿的房屋变得干燥，而干燥的季节，又可以增加湿度。爬山虎是最常用也是最理想的攀援植物，它依靠吸盘沿着墙壁往上爬。种植的时间长了，密集的绿叶覆盖了建筑物的外墙，就像穿上了绿装。春天，爬山虎长得郁郁葱葱；夏天，开黄绿色小花；秋天，爬山虎的叶子变成橙黄色；这就使得建筑物的色彩富于变化。

3. 美国地锦（美国爬山虎）（图9–3）

别名：五叶地锦

拉丁名：*Parthenocissus quinquefolia* planch.

科：葡萄科

属：爬山虎属

形态特征：落叶木质藤本。老枝灰褐色，幼枝带紫红色，髓白色。卷须与叶对生，顶端吸盘大。掌状复叶，具5小叶，小叶长椭圆形至倒长卵形，先端尖，基部楔形，缘具大齿牙，叶面暗绿色，叶背稍具白粉并有毛。7~8月开花，聚伞花序集成圆锥状。浆果球形，蓝黑色，具白粉。花期6月，果期10月。

图9–3　美国地锦

生态习性：美国地锦耐寒、耐旱，喜阴湿环境。对土壤要求不严，气候适应性广泛。

繁殖栽培：繁殖方法主要有扦插、压条，压条可于春季进行。栽培管理比较简单，入冬后下埋枯枝，早春施以薄肥，可促进枝繁叶茂。

观赏特性与园林用途：蔓茎纵横，密布气根，翠叶遍盖如屏，秋后入冬，叶色变红或黄，十分艳丽。是垂直绿化主要树种之一。适于配植宅院墙壁、围墙、庭园入口处、桥头石堍等处。它对二氧化硫等有害气体有较强的抗性，也宜作工矿街坊的绿化材料。藤茎、根可药用。

4. 葡萄（图9–4）

别名：提子、蒲桃、草龙珠、山葫芦

拉丁名：*Vitis Vinifera* L.

科：葡萄科

属：葡萄属

形态特征：落叶藤本植物。掌状叶，叶互生，基部心形，两侧靠拢，边缘粗齿3~5缺裂，复总状花序，通常呈圆锥形，也叫圆锥花序，花小，黄绿色，葡萄多为圆球形或椭圆球形，色泽随品种而异。小枝圆柱形，有纵棱纹，无毛或被稀疏柔毛。卷须2叉分枝。花期4~5月，果期8~9月，颜色有紫色、白色等。

图9–4　葡萄

生态习性：喜光、喜暖温、对土壤的适应性较强。

繁殖栽培：以扦插繁殖为主。园林栽培株距以1m为宜，需要铁丝等辅助攀爬。其他管理与大田生产栽培相同，冬季需要有覆土压埋。

观赏特性与园林用途：园林上多用于廊架、花架等立体绿化。

5. 啤酒花（图9–5）

别名：蛇麻花、酵母花、酒花

拉丁名：*Humulus lupulus*

科：大麻科

属：葎草属

形态特征：为多年生缠绕草本，茎高2~5m，茎枝绿色，密被细毛和倒钩刺。单叶对生，纸质，卵形，啤酒花主茎上叶常5深裂，侧枝上叶多3裂，花枝上叶常不裂，叶缘具有粗锯齿，叶面密生小刺毛。雌雄异株，雄花为圆锥形花序，雌花多穗状花序。花期7~9月。果穗呈球果、扁圆状。在阳光下的啤酒花蔓长6m以上，通体密生细毛，并有倒刺。叶对生，纸质，卵形

图9–5　啤酒花

或掌形，3~5 裂，边缘具粗锯齿。花单生、雌雄异株，雄花排列成圆锥花序，雌花穗状。茎枝、叶柄密生细毛，并有倒锯齿，上面密生小刺毛，下面疏生毛和黄色小油点；叶柄长。果穗呈球果状，长 3~4cm，宿存苞片增大，有黄色腺体，气芳香。瘦果扁圆形，褐色。花期 7~8 月，果期 9~10 月。

生态习性：适于冷冻干燥环境，耐寒，喜暖，喜阳光。

繁殖栽培：地下茎扦插繁殖、绿枝扦插法。园林栽培管理较为简单。

观赏特性与园林用途：用于攀援花架或篱棚。

6. 山荞麦（图9-6）

别名：木藤蓼

拉丁名：*Polygonum aubertii* L. Henry

科：蓼科

属：蓼属

形态特征：落叶藤木，长达 10~15m。地下具粗大根状茎，地上茎实心，披散或缠绕，褐色无毛具分枝，下部木质。单叶复生或互生，卵形至卵状长椭圆形，长 4~9cm；顶端锐尖，基部戟形，边缘常波状；两面无毛；叶柄长 3~5cm；托叶鞘筒状，褐色。花小。白色或绿白色，呈细长侧生圆锥花序，花序轴稍有鳞状柔毛；花梗细，长约 4mm，下部具关节；花被片白色。瘦果卵状三棱形，长约 3mm，黑褐色，包于花被内。

图9-6 山荞麦

生态习性：喜温暖湿润环境，切忌干燥和大雨冲刷。土壤以疏松、肥沃的腐叶土最宜。

繁殖栽培：常用播种繁殖。

观赏特性与园林用途：山荞麦为园林垂直绿化材料，适合庭院、花径或建筑物周围栽植，颇有野趣。根和茎可入药。叶味酸，可食。

7. 杠柳（图9-7）

别名：羊奶条、山五加皮、香加皮、北五加皮

拉丁名：*Periploca sepium* Bunge

科：萝藦科

属：杠柳属

图9-7　杠柳

形态特征：落叶蔓性灌木，具乳汁，除花外，全株无毛。茎皮灰褐色，小枝通常对生，有细条纹，具皮孔。叶卵状长圆形，长5~9cm，宽1. 5~2. 5cm，顶端渐尖，基部楔形，侧脉多数，叶面深绿色，叶背淡绿色，聚伞花序腋生；花冠紫红色，辐状，裂片长圆状披针形，反折，内面被长柔毛，外面无毛；副花冠环状，10裂，其中5裂延伸丝状被短柔毛；蓇葖2，圆柱状，长7~12cm，直径约5mm，无毛，具有纵条纹；种子长圆形，长约7mm，宽约1mm，黑褐色，顶端具白色绢质种毛。花期5~6月，果期7~9月。

生态习性：杠柳性喜阳性，喜光，耐寒，耐旱，耐瘠薄，耐阴。对土壤适应性强，具有较强的抗风蚀、抗沙埋的能力。

繁殖栽培：杠柳的繁育方法有种子繁育、分株繁育、扦插繁育。分株繁育方法主要在培养种植资源时应用，繁殖速度较慢。扦插繁育方法工序比较繁琐，而且成活率较低，一般不宜应用。种子繁育方法是杠柳大面积育苗所采用的主要方法。

观赏特性与园林用途：杠柳茎叶光滑无毛，花紫红色，具有一定的观赏效果。常见于干旱山坡、沟边、固定沙地、灌丛、河边、河边沙地、河滩、荒地、林缘、林中、路边、沙质地、田边、固定或半固定沙丘。

第十章　草本地被植物

地被植物是群落中最下面的一层。大多地被植物根浅，抗道性强，绿化功能表现不凡。适合酒泉气候特征的草坪植物有：草地早熟禾、紫羊茅、高羊茅，多年生黑麦草等。其他还有大量一年生或者两年生草花及球根、宿根花卉均可在本地露地种植。现有可推广应用的一年生草花种类100多个，多年生球根及宿根花卉如大丽花、美人蕉、芍药、唐菖蒲、鸢尾、秋菊、荷兰菊、常夏石竹、石竹梅、早小菊、地被菊等10余种。

附：常见草本花卉生长栽培性状一览表

常见草本花卉生长栽培性状一览表

种名	品种	花色	花型	株高（cm）	花径（cm）	播种到开花（d）
黄秋葵 Abelmoschusmos chatus	铜铃	黄色	喇叭状	80	5~7	
福寿花 Adonis acstivalis	英雄美人	艳的红色	单瓣	35	2. 8~3. 5	65
大花藿香蓟Ageratum houstonianum	佳人	玫瑰粉	丝状	20	0. 8~1. 5	80
蜀葵Alth ea rusea		密花混合色	重瓣	210	6~10	140
红苋Amarmthus red		红叶	观叶	60	0. 5~1. 5	50
雁来红Amaranthus tricolor	灯饰	大红叶	观叶	120	1~2	90
雁来红Amaranthus tricolor	火瀑布	长红叶	观叶	130	1~2	90
雁来黄Amaranthus tvaraurea	天灯	叶绿顶黄	观叶	50	1~2	80
蜀蔡Aothaea rosea	军乐（盆栽）	杏黄色	重瓣	50	6~10	90
蜀蔡Aothaea rosea	回忆（盆栽）	丁香玫瑰色	重瓣	20	6~10	90
金鱼草Antirrhinum majus	魔毯	混色	穗状	20	3~5	80
金鱼草Antirrhinum majus	小矮人系列	红色	穗状	20	3~5	85
雏菊Bellis perennis		白色	复瓣	15	2. 5~3. 5	130
五色菊Brachycomc iberidifolia		蓝白色	单瓣	20	2. 5	75
观赏钳菜Beta vulgaris var		红叶红茎	观叶	20		

续表

种名	品种	花色	花型	株高（cm）	花径（cm）	播种到开花（d）
羽叶甘蓝Brassica fimbriata		混色	皱叶	15		
羽叶甘蓝Brassica fimbriata		红色	皱叶	15		
羽叶甘蓝Brassica fimbriata		白色	皱叶	15		
金盏菊Caoendula ofticinalis	艺术系列	混三色	重瓣	20	4~5	60
金盏菊Caoendula ofticinalis	艺术系列	橘黄色	重瓣	20	4~5	65
翠菊Callistephus chinensis	侏儒系列	混三色	重瓣	15	6~8	150
翠菊Callistephus chinensis	盆丽系列	深蓝色	舌状重瓣	20	6~8	120
翠菊Callistephus chinensis		玫瑰色	剑状	50	6~8	120
羽状鸡冠花Ceolosia plumosagroup	宝石盒	混三色	羽冠	35	5~25	85
凤尾鸡冠花Celosia spicata group	魅力	混四色	凤尾	30	5~25	90
花环菊Chrysauthemuu cariuatum	雪绒	雪白色	重瓣	40	7~8	80
西洋滨菊Chrysanthemum Ieuc	雪女	白色	单瓣	50	5~8	90
金鸡菊Coreopsis basalis	热情	火红色	单瓣	30	2. 5~5	75
大花金鸡菊Coreopsis grandiflora	夕阳	深红黄色	单瓣	50	4~5	75
狭叶金鸡菊Cordopsis lanceolata	晨阳	黄红双色	单瓣	40	4~5	75
波斯菊Cosmos bipinnatos	感观	混四色	单瓣	50	3~6	70
波斯菊Cosmos bipinnatos	海贝	混色	重瓣	100	3~6	80
硫华菊Cosamos sulpbureus	日落	橘黄色	重瓣	80	3~5	85
硫华菊Cosmos sulpbureus	太阳系列	橘黄色	重瓣	30	3~5	80
火炬鸡冠花Celosia Cristata	火炬	火红色	凤尾	80	8~9	80
千鸟草Consolida amti lua	游子系列	蓝白色	穗状	70	2. 5	85
观赏南瓜Cucurbita pepo var ovifer	玩偶	小果色泽各异	23种形状	长蔓	5	50
飞燕草Delphinum ajacis		玫瑰色	单瓣	30	1. 5	80
迷你小丽花Dahlia pinnata var	丽人	混色	单瓣	40	5~7	75
香石竹Dianthus caryophyllus	香君	混色	重瓣	50	5~7. 5	85
石竹Dianthus chinensis	三寸石竹红毯	深红色	单瓣	20	2~3	75
石竹Dianthus chinensis	君王	混合色	单瓣	20	2~3	80
蓝雏菊Felicia tenella	忧郁	亮蓝色	单瓣	20	3	70

续表

种名	品种	花色	花型	株高（cm）	花径（cm）	播种到开花（d）
天人菊Gaillardia pulchella		混五色	重瓣	60	6~10	120
大花千日红Gomphrena globosa	草莓田	大花鲜红色	球状	50	3	80
大花千日白Comphrena alab	白球	大花白色	球状	50	3	80
古代稀Godetia amoena	古佳人	混色	杯状	40	5	95
古代稀Godetia amoena	西施	混五色	杯状	50	5	95
向日葵Heliantbhus annul	玩具熊	金黄色	重瓣	50	20	90
永生菊Helipterum sp	妙龄女郎	红系列混色	复瓣	30	5	70
日光菊Helionsis scabra		黄色	单瓣	60	6	90
凤仙花Impatiens balsamina	密花系列	鲜红色	重瓣	20	2~5	80
掌叶牵牛Ipomoeacairica	紫光	紫红色	单瓣	200	5	75
掌叶牵牛Ipomoeacairica	蓝色徽章	蓝色	单瓣	200	5	75
细叶地肤Kochiascopariavar		细叶油绿色	观叶	60		
香雪球Lobualriamaritima	复活节	粉红色	十字花	20	1	50
非洲菊Lonasannusa	金纽扣	黄色		35	5	80
蛇鞭菊Liatrisspicata	麒麟	粉色	穗状	100	5	60
观赏葫芦Lagenaria siceraria	鸟笼	中果绿色	瓢形	蔓性	3~4	60
观赏葫芦Lagenaria siceraria	大瓶	大果绿白	瓢形	蔓性	3~4	60
观赏葫芦Lagenaria siceraria	小兵	小果绿白纹	瓢形	蔓性	3~4	70
观赏葫芦Lagenaria siceraria	仙壶	大果绿白	混形	250	3~4	60
观赏葫芦Lagenaria siceraria		浅粉色	单瓣	90	3~4	100
紫花苜蓿Medicagosativa		紫色	穗状	40	1~2. 5	75
紫茉莉Mirabilisjalapa	小丑	混色	喇叭状	80	2. 5~3	80
紫茉莉Mirabilisjalapa	四点钟系列	白色	喇叭状	80	2. 5~3	80
虞美人Papaver rhocas	波浪	混色	重瓣	70	5	70
天竺葵Pelargoniumbortornm	呼唤	红色	总状	30	3	130
天竺葵Pelargoniumbortormm		混色	总状	30	3	130
矮牵牛Petumiahybrida	富彩	混色	喇叭状	40	5	85
矮牵牛Petumiahybrida	牵人	粉红色	喇叭状	40	5	85

续表

种名	品种	花色	花型	株高（cm）	花径（cm）	播种到开花（d）
矮牵牛Petumiahybrida	高雅	蓝色	喇叭状	40	5	85
矮牵牛Petumiahybrida	皱瓣系	混色	喇叭状	70	5	85
福禄考Phloxdrummondii	国色（香型）	混色	总状	40	2. 5	55
福禄考Phloxdrummondii	灵巧	混色	总状	25	2. 5	90
观赏菜豆Phaseoluscoccineus	红云彩	红斑	长形	250		
观赏蓖麻Ricinuscv sanguineus	红蓟		观果	100	2	65
金光菊Rudbeckialaciniata	金锁	黄色	重瓣	25	10	80
金光菊Rudbeckialaciniata	果酱	黄黑心	复瓣	30	10	75
黑心菊Rudbeckiabybrida		金黄色	单瓣	80	5~7	75
一串红Salviasplendens	红妆女	红叶红径	穗状	30	5~10	90
一串紫Saoviavaratropurpura	紫姑娘	紫色	穗状	20	5	85
矮串红Salviavarnana	红衣女	红花	穗状	20	8	85
观赏茄Solariumtexanum	金银茄	黄色	观果	50	1. 8	90
观赏茄Solariumtexanum	白蛋茄	白色浆果	观果	40	1. 8	85
观赏茄Solariumtexanum	金银茄	小红果		120	1. 8	80
万寿菊Tageteserecta		柠檬色	重瓣	70	5~8	85
孔雀草Tagetespatula		金黄色	重瓣	25	3. 5~4	60
旱金莲Tropaeolummajus		黄色	重瓣	30	2. 5~6	65
美女樱Verbenahybrida	牵梦系列	蓝色	总状	25	5	90
三色堇Violaticolor	不带斑	黄色	蝴蝶型	15	3. 5~6	85
三色堇Violatricolor	彩蝶系列	红间褐斑	蝴蝶型	15	3. 5~6	85
小百日菊Zinnia angnstifolia	粉佳人	粉红色	单瓣	30	5	75
百日草Zinnia elegans	乒乓白	白色	重瓣	80	4	70
彩色玉mZea mavs var japomca		混色	观果	150		
白珍珠Zea mavs var sinensis		白色	观果	150		